Über die Nachzuchtgebiete
des Lipizzaners und die Lipizzanergestüte
400 Jahre nach der Entstehung
dieser Pferderasse

Lipizzaner

Dr. med. vet. Heinz Nürnberg

Verlag
J. Neumann-Neudamm

Notwendige Bemerkungen im voraus

Zwischen dem Tag, als dem Verfasser die ersten Lipizzaner im Freien begegneten, weiße Stuten mit dunklen Fohlen, Jungtierherden aller Farbschattierungen, und dem Augenblick, wo der Entschluß zum Schreiben dieses Buches geboren wurde, liegen mehr als zehn Jahre. Sie waren ausgefüllt mit Literaturstudien, wiederholten Besuchen der Gestüte, Gesprächen mit Kennern der Zucht und Menschen, die für ihre Pferde leben, für die die Pferde alles sind. Freundschaften wurden geschlossen mit Mensch und Tier, Erfahrungen ausgetauscht mit dem einen und anderen der großen Familie der Lipizzanerfreunde, Erkenntnisse gesammelt, die es Wert sind, festgehalten zu werden.

Über Lipizza, das Gestüt der »Silberpferde« Jugoslawiens, das österreichische Piber, die Spanische Reitschule in Wien gibt es ausführliche Schilderungen. Veröffentlichungen über die Lipizzanergestüte Ungarns, Rumäniens und der Tschechoslowakei fehlten. Auch hier werden Lipizzaner nach den traditionellen Zuchtlinien mit den klassischen Hengststämmen des alten Lipizza gezüchtet, auch wenn sie in gewissen Nuancen an ihre Umgebung und die variablen Erfordernisse der Landeszucht des jeweiligen Landes angepaßt sind. Man ist stolz auf die eigene züchterische Leistung. Jede Zuchtstätte verteidigt ihre Zuchtrichtung, ihr Zuchtziel, ihre Lipizzaner. Vielleicht sollte man doch weniger um das Primat des echten Lipizzaners streiten, als vielmehr versuchen, eine einheitliche Sprache zu finden zum Wohle der gesamten Zucht, bestehende Verbindungen auszubauen, neue Kontakte aufzunehmen, Zucht- und Erfahrungsaustausch mehr als bisher zu pflegen. Wenn dieses Buch dazu eine Anregung und Hilfe gibt, wäre ein Anliegen des Verfassers erfüllt. Es wendet sich aber nicht nur an den fachlich interessierten Pferdefreund, sondern auch an die seit Jahren ständig wachsende Anzahl der Pferdeliebhaber und Anhänger des Pferdesports.

Der Verfasser stand vor der Alternative, entweder ein Buch für den Fachmann zu schreiben mit nüchternen Fakten und Daten und ein zweites für den Pferdefreund und -liebhaber, wo Erlebnisse, Schilderungen von Land, Leuten und Pferden dominieren, oder beides in einem Buch zu vereinen. Er hat sich für den zweiten Weg entschlossen, obgleich er sich bewußt ist, daß er vielleicht Ansatzpunkte für Kritiken der einen oder anderen Seite bietet. Dem Pferdeliebhaber soll ein Maximum an fachlicher Information gegeben werden, unter bewußter Einschaltung von Erholungspassagen im Text. Andererseits war der Verfasser bemüht, dem Fachmann, soweit es im Rahmen eines solchen Buches möglich ist, neue Kenntnisse und Ergebnisse der Lipizzanerzucht in den einzelnen Ländern zu vermitteln.

Wenn es gelingt, um mit dem schwedischen Hippologen Graf Wrangel zu sprechen, der ein vielbändiges Werk über den Besuch der ungarischen Gestüte in den 90er Jahren des vorigen Jahrhunderts verfaßte, »daß ein geringer Teil der Freude, die ich an meiner Arbeit gehabt habe, auch von denjenigen empfunden werden möge, die sie einer Durchsicht würdigen« ist der Sinn dieses Buches erfüllt.

Alt Ruppin,
im Frühjahr 1980 *Dr. Heinz Nürnberg*

Eine Spanische Genette – ein Andalusier, nach einem Stich von I. E. Ridinger

Eine Rasse unter vielen – Jahrhunderte währte die Entwicklung

Das Pferd, entstanden in etwa 60 Millionen Jahren, aus dem Eohippos (Eos = Morgenröte, griechisch; hippos = Pferd), dem Vierzeher, ist als Wildpferdart bis in die heutige Zeit im Przewalski-Pferd überliefert. In zahlreichen zoologischen Gärten, so auch in Prag und Berlin, wird es in Reinzucht der Nachwelt erhalten. In seiner heutigen Form als Hauspferd ist das »Equus caballus« in zahlreichen Varianten bekannt. Es gibt viele, sehr verschiedene Rassen, züchterisch von Menschenhand bearbeitet, durch bestimmte Eigenschaften gekennzeichnete Fortpflanzungsgemeinschaften. Wir kennen leichte Warmblut- und schwere Kaltblutrassen, Araber und englische Vollblüter, Kleinpferde und Ponys, Galopper und Traber. Der Mensch hat sie als Kulturpferderassen geschaffen. Die älteste im europäischen Raum ist die der Lipizzaner. Nicht nur deswegen kommt ihr eine besondere Bedeutung zu, sondern weil sie trotz ihrer kleinen Population in zielgerichteter Zucht nach einigen wenigen Hengstlinien über Jahrhunderte hindurch erhalten wurde.

Auch dem züchterisch und pferdesportlich weniger Interessierten ist der Lipizzaner als Vertreter der zirzensischen Kunst und der klassischen Reitkunst in der Spanischen Reitschule Wien ein Begriff. Der Entstehung dieser Rasse, ihrer Verbreitung und Bedeutung, ihrer Perspektive in unserer heutigen Zeit nachzugehen, lohnt um so mehr, als der Mensch immer stärker und bewußter die Verbindung zur Natur und damit zum Tier sucht.

Ursprünglich nur Jagdtier des Menschen, wurde das Pferd mit Beginn seiner Domestikation etwa 4000 Jahre vor unserer Zeitrechnung in die engere Lebensgemeinschaft des Menschen aufgenommen. Bis in diese Zeit zurück sind die Anfänge einer beginnenden Zucht des Pferdes zu suchen, sowohl als Renn-, Jagd- und Streitwagenpferd wie auch als Reit-, Kurier- und Kavalleriepferd und sehr viel später erst als Zugtier vor Pflug und Wagen.

Prunk- und Repräsentationsrosse für den Wiener Hof zu züchten, das blieb zwei Jahrhunderte lang die einzige Aufgabe der vor 400 Jahren gegründeten Zuchtstätte Lipizza, die der Rasse ihren Namen gab. Der Lipizzaner war in der österreich-ungarischen Donaumonarchie das Kutsch- und Paradepferd. Der Wunsch des Adels, sich dem kaiserlichen Hof anzupassen, führte zur ersten Verbreitung der Rasse. So entstanden im 18. und 19. Jahrhundert aus eingeführtem Zuchtmaterial Lipizzas in einzelnen ungarischen Privatgestüten kleinere Lipizzanerzuchten.

Im gleichen Zeitraum gewann der Lipizzaner auch größeren Einfluß auf die Landespferdezucht. Lipizzanerhengste wurden überall dort eingesetzt, wo es galt, die vorhandenen Landrassen zu veredeln. Einkreuzungen mit Lipizzanern wurden zunächst in den Gebieten des heutigen Jugoslawien vorgenommen, später auch in Ungarn und Rumänien.

Weitere Verbreitung erfuhr die Lipizzanerrasse durch die Ausnutzung des Pferdes für militärische Zwecke. Lipizzanerhengste eigneten sich vorzüglich zur Produktion von Remonten. Es wurde also die Zucht eines ausdauernden, genügsamen, widerstandsfähigen Kavalleriepferdes gefördert.

Durch die Gründung neuer staatlicher Lipizzanerzuchtstätten wurde den Bedürfnissen der Landeszucht weitgehend Rechnung getragen. Der Bedarf an Pferden für die Land- und Forstwirtschaft stieg. In der Mitte des 19. Jahrhunderts gewann der Lipizzaner als Wirtschaftspferd mit Gebirgseignung weitere Bedeutung, desgleichen die Zucht des leichten ausdauernden Jucker, dieses ungarischen Lipizzanerschlages, unverwüstlich als Kutschpferd mit über 100 km Tagesleistung.

Der einschneidende Wandel in den pferdezüchterischen Zielen des 20. Jahrhunderts ging auch an der Lipizzanerzucht nicht spurlos vorüber. Der Ersatz der Zugkraft und des Wirtschaftspferdes durch die Maschine, den Traktor, im Interesse einer höheren Arbeitsproduktivität, verdrängt das Pferd weitgehend. So neigt sich in unseren Tagen der Schwerpunkt auch beim Lipizzaner immer mehr der Sportpferdezucht zu.

Inwieweit sich gesellschaftliche Entwicklung und historische Gegebenheiten auch auf die Pferdezucht auswirken können, zeigt allein die Tatsache, daß sich die Zuchtgebiete des Lipizzaners ausschließlich in dem geographischen Raum der ehemaligen Donaumonarchie befinden. Waren sie einst die Prunkpferde, Sinnbild von Macht und Luxus, später begehrte Vererber in der Remontepferdezucht der Armee und erst dann mehr und mehr die unentbehrlichen Helfer des Menschen bei der Arbeit, so ist in unserer Zeit die tragende Komponente der Daseinsberechtigung des Pferdes überhaupt – der Pferdesport. In diesem Bereich von Pferdezucht und Pferdehaltung hat auch der Lipizzaner seine Zukunftschance.

Die Entwicklung der Lipizzanerzucht

Die Ahnen

Pferde werden seit Jahrtausenden vom Menschen gezähmt, gehalten, gezüchtet, um ihrer Schönheit willen, ihrer Kraft und Leistung wegen, als Reit- und Arbeitstiere, auf dem Schlachtfeld, in der Arena, auf dem Acker. Kraftvolle Wildlinge der Steppen und Wüsten, gebändigt von Menschenhand und Menschenverstand gingen auf in freien, nur locker mit dem Menschen verbundenen Herden und einer ersten Einheit von Mensch und Tier im Ansturm der ersten Reiterheere der Geschichte.

Hethitische Streitwagenrosse – die stampfenden Rosse der Ilias – Reitergruppen vom Parthenon-Fries, Reliefskulpturen aus der Schule des Phidias – die Rosse von Aquileja – Quadrigenpferde der Römer – die Pferde der mohammedanischen Eroberer, Araber und Berber – iberische Pferde, edle Kastillianer und Andalusier, Genetten und Villanos – vollblütige, feurige Neapolitaner und genügsame, widerstandsfähige Karstpferde, all diese Urahnen haben ihren Anteil an der heutigen Lipizzanerrasse. Als ihre direkten Vorfahren gelten die altspanischen Pferde, Andalusier und Neapolitaner, sowie der Arbaber und das Karstpferd.

Der Andalusier

Spanien besaß schon vor der Zeitwende hervorragende, weit über die Grenzen hinaus bekannte, wegen ihrer Schnelligkeit und besonderen Gangart berühmte Pferde. Seit der Landung der Phönizier 1500 v. d. Zeitrechnung kreist orientalisches Blut in den Adern dieser Pferde. »Von den Winden befruchtet«, so poetisch preist der römische Geschichtsschreiber Justinus das Geheimnis der Schnelligkeit der iberischen Rasse.

Europa und Afrika sind nur durch die Meerenge von Gibraltar getrennt. Hier auf dem gegenüberliegenden Festland des afrikanischen Kontinents hat sich der Berber als bodenständige Rasse entwickelt. Entstanden aus dem auf die afrikanische Urrasse zurückgehenden numidischen Pferd und im 7. Jahrhundert im Gefolge der Heere der Nachfolger des Propheten Mohammed, veredelt durch den Araber, hat der Berber die weitere Entwicklung des iberischen Pferdes stark beeinflußt. In seiner Urform, mit grobem Kopf, Ramsnase und langen Ohren, schwerem, dickem Hals, grobem Mähnen- und Schweifhaar, abgeschlagener Kruppe und unschönem Schweifansatz – deutliche Unterscheidungsmerkmale zu dem ihm verwandten Araber – ist der Berber nicht mehr erhalten. Aber über den Andalusier hat er dem Lipizzaner eine der markantesten Merkmale seiner Rasse vererbt – die gebogene römische oder Ramsnase, auch Schafskopfnase genannt; »ram« engl. = Widder. Der klassische Lipizzaner, mit Ausnahme des arabischen Siglavy-Stammes, trägt schon seit Jahrhunderten dieses charakteristische Kennzeichen seines afrikanischen Ahnherrn in Form eines mehr oder weniger gebogenen Nasenrücken, der sog. Ramsnase.

War es einmal der berühmte Pferdemarkt von Calpe, das ist der frühere Name von Gibraltar, über den ein ständiger Zustrom orientalischen Blutes auf die spanische Halbinsel kam, so brachten im 8. Jahrhundert die Mauren nach der Eroberung ganz Spaniens fremdes Blut in die iberische Pferdezucht ein. Die mohammedanischen Eroberer waren bemüht, ihre leichten orientalischen Pferde mit jener Widerstandskraft zu züchten, die notwendig war, um den Angriffen der bedeutend schwereren Pferde der christlichen Ritterschaft standhalten zu können. Zum anderen waren die Ritter aus dem Norden wiederum daran interessiert, ihren schwerfälligen Pferden die Gewandtheit und Schnelligkeit des orientalischen Pferdes zu vermitteln. So entstand der edle Andalusier, hoch von Wuchs, der Hals gebogen, der Kopf edel, die Glieder stark und sehnig, die Bewegungen graziös, seine Lebenskraft schier unerschöpflich. Während die Genetten mit ihrem hohen Anteil orientalischen Blutes als die leichteren, schöneren spanischen Pferde galten, waren die mehr im Norden verbreiteten Villanos, im Typ mehr ein »Ritter«- als ein »Bauernroß«, größer und stärker, besser zum Kriegsdienst und zur Arbeit geeignet. Schönheit und Leichtigkeit des südlichen Pferdes wurden

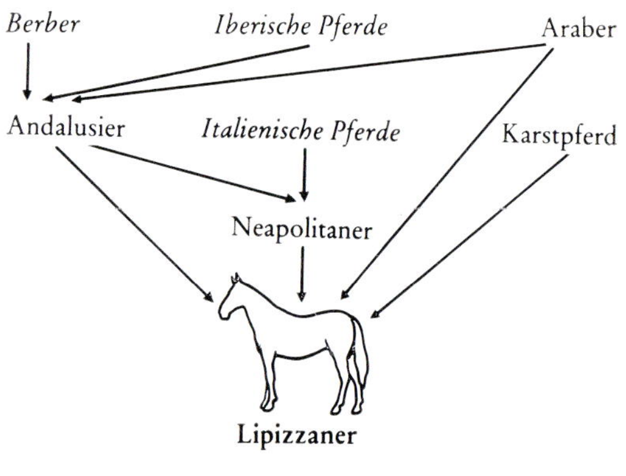

Genealogie des Lipizzaners

Eine Herde junger Lipizzaner. Deutlich sind hier die verschiedenen Farbschattierungen erkennbar. Die verbreitete Vorstellung, Lipizzaner seien stets weiß, trifft nicht zu. Es gibt Weiße, Braune, Schwarze und auch Füchse

mit der Kraft und Ausdauer des nordischen vereint. Diese Eigenschaften, zusammen mit dem hohen, sogenannten Spanischen Tritt, finden wir noch heute deutlich beim Lipizzaner wieder. Das altspanische Pferd, der Andalusier, existiert nicht mehr. Reste dieser einst so bedeutsamen Rasse werden als »Karthäuser« – Karthäuser Mönche haben seinerzeit zur Erhaltung des alten andalusischen Pferdes beigetragen – in einigen kleinen Privatgestüten weitergezüchtet.

Der für viele unserer Warmblutrassen nicht unbedeutende Einfluß des altspanischen Pferdes ist unumstritten. Der Lipizzaner gleicht seinen Ahnen, den Andalusiern, wohl noch am meisten.

Der Neapolitaner

Neben dem spanischen war das altitalienische Pferd, insbesondere der Neapolitaner, mitbestimmend für die Herausbildung der Lipizzanerrasse. Schon in der Römerzeit werden die italienischen Pferde von vielen Autoren gerühmt. In späteren Jahrhunderten führten die Medici und adlige Kaufleute die schönsten arabischen Pferde aus Syrien ein, um die einheimische Rasse zu verbessern. Ihnen folgten andalusische Pferde, die insbesondere in der Gegend von Neapel zur Zucht verwandt wurden. Damals galten die neapolitanischen Pferde als die besten der ganzen Halbinsel. Sie vereinten in sich Größe mit Grazie, Sanftmut mit Temperament und besaßen Eigenschaften, die sie für den Wagen wie für die Manege qualifizierten. Sie waren kräftiger als die spanische Genette, galten als spätreif und wurden bevorzugt in der Schulreiterei eingesetzt. Der Neapolitaner, desen Glanzzeit im 17. Jahrhundert lag, war berühmt für seinen erhabenen aber sehr langsamen, wenig raumgreifenden Schritt. Der hohe Kniebug, der »Spanische Tritt«, sicherte ihm sowohl seinen Platz als ideales Pferd für die Hohe Schule als auch eine dominierende Stellung vor den Prunkkarossen der Fürsten und Kardinäle.

Infolge andauernder Kriege sowie Fehler in der Zuchtmethodik, Einkreuzung nordischer anstatt orientalischer Pferde, verfiel die so berühmte italienische Pferdezucht immer mehr. Auch der Neapolitaner ist in Reinzucht heute ausgestorben.

Der Araber

Der dritte wichtige Einfluß für die Lipizzanerrasse ist das arabische Blut. Die Araber, diese »windgeborenen« Pferde der Wüste, wurden von jeher als die schnellsten, feurigsten und edelsten gerühmt. Ursprünglich nur auf die wenigen fruchtbaren Gegenden Mesopotamiens, Syriens und des Euphrat beschränkt, breitete sich die Pferdezucht erst langsam in den Jahrhunderten nach der Zeitenwende bis auf die ganze arabische Halbinsel aus. In dem bis zu 2000 m ansteigenden Hochland des Nedschd, östlich der Stadt Mekka, wurden die edelsten Wüstenaraber gezogen.

In Erscheinung und Harmonie ist das edle, arabische Pferd unerreicht. Der leichte trokkene, viereckige Kopf zeigt zwischen Stirnende und Nasenbein jene, die arabische Rasse kennzeichnende Einsenkung, die die schon sehr weiten Nüstern noch größer erscheinen läßt. Das ausdrucksvolle Auge ist groß und schön, der Hals hat eine überaus graziöse Form, das Haar ist fein und glänzend, die Bewegungen sind elegant und elastisch. Sein geringer Wuchs, der nicht selten etwas weiche Rücken, lange weiche Fesseln und der kurze Schritt gelten in seiner Heimat nicht als Mängel. Seine außerordentliche Leistungsfähigkeit gestattet dem Araber, drei bis vier Monate hintereinander Tag für Tag 80 km ohne Überanstrengung zu bewältigen, ausnahmsweise sogar 240 km an einem Tag. Ein Wettkampf zwischen einem Araber und einem englischen Vollblüter über die etwa 140 km lange Strecke von Kairo nach Suez und zurück endete mit dem eindeutigen Sieg des »Sohnes der Wüste«. In knapp acht Stunden kam er »frisch« am Ziel an, während sein Gegner unterwegs zusammenbrach.

Die Zucht des arabischen Pferdes erfolgt nach Blutführung, Schnelligkeit und Ausdauer. Der Beduine ist ein »Blutsfanatiker«. Den Stammbaum seines Pferdes hat er im Kopf. Für ihn bleibt immer das »edle Blut« entscheidend, auch wenn es in einem Tier schlechten Exterieurs fließt. Härte, Ausdauer, Genügsamkeit, Gesundheit, Langlebigkeit und Adel sind Eigenschaften

Araber, nach einem Gemälde von Eerelman-Schoenbeck

des Arabers, die wir auch beim Lipizzaner wiederfinden.

Das Karstpferd – die Basis der Zucht

Haben Andalusier, Neapolitaner und Araber den Lipizzaner maßgeblich mitgeformt, so bildete doch das einheimische, bodenständige Karstpferd die Basis der Zucht. Schon im Altertum wurden hier im Karstgebiet, im Raum von Triest, Pferde gezüchtet, die wegen ihrer Schnelligkeit, Kraft und Ausdauer berühmt und begehrt waren. Die Rosse von Aquileja, der blühenden römischen Stadt an der Nordküste der Adria, bildeten zu einem großen Teil die Gespanne der Quadrigen bei Zirkusrennen im alten Rom. Als »Saumrosse« für die Warentransporte von der Küste ins bergige Landinnere wurden sie wegen ihrer Härte, Genügsamkeit und Trittsicherheit bevorzugt verwendet. An der Quelle des Flusses Pimavus (Reka) errichteten die Venetier einen Tempel, umgeben vom »heiligen Hain« der »windschnellen Rosse«. Er war dem thrakischen Gott und Schutzpatron der Pferde Diomedes gewidmet.

Die Prinzipien der römischen Pferdezucht waren nach Virgil: gute Auswahl der Mutterstuten, Wahl der Beschäler aus den feurigsten und »mutigsten« Hengsten, ausgezeichnete Eigenschaften der Eltern, mit großer Genauigkeit und Gewissenhaftigkeit geführte Stammbäume, zweckmäßige Auswahl des Standorts eines Gestütes und fortwährende Kräftigung der Zucht durch die besten Typen. Es ist kaum daran zu zweifeln, daß die Römer, nachdem sie erkannt hatten, daß hier auf dem Gebiet des harten Karstes, vorzügliche Pferde gediehen, eine systematische Pferdezucht – durch Vermischung edlen Blutes von Pferderassen aus allen Gegenden ihres Weltreiches – betrieben. So wurde der Grundstock der Karster Rasse gelegt, deren Hengste sich auch im Mittelalter als Turnier- und Streitrosse hohes Ansehen erwarben. Kraft, Härte und Ausdauer, ihre charakteristischen Rassenmerkmale, leben noch heute im Lipizzaner fort.

1580 – Gestütsgründung in Lipizza

Der hippologisch so traditionsreiche Boden des slowenischen Karsts wurde die Urheimat des Lipizzaners. Hier im Gebirge, 400 m über dem Meeresspiegel, auf hartem Felsboden mit spärlichem Wuchs, wo im Sommer der heiße Schirokko bläst und im Winter die eiskalte Bora vom Meer herüberweht, sollte diese edle Pferderasse entstehen, die all die hervorragenden Eigenschaften ihrer Ahnen in sich vereinigt.

Das spanische Pferd und seine Nachzüchtungen zählten zu den vornehmsten Ausstattungen des Barock und verliehen vielen europäischen Fürstenhöfen ihren Glanz. Als die Pferdeimporte aus Spanien zu unsicher, verlustreich und teuer geworden waren, entschloß sich der Wiener Hof, ein eigenes Gestüt zu gründen. Die stark zerstörte »Villa des Bistums von Triest« auf dem Karstplateau wurde angekauft und damit der Ort Lipizza, knapp 25 km von der Adriaküste entfernt, zum künftigen Sitz des Gestüts bestimmt. In dieser öden Felslandschaft mit geringem Baumbewuchs und nur wenigen Wasserstellen das »K. K. Hofgestüt zu Lipizza« zu gründen, war züchterisch eine weitreichende Entscheidung.

Seit 1580 werden hier auf dem Karstplateau von Sessana Pferde gezüchtet, deren Adel sich über 400 Jahre in Reinzucht erhalten hat. In diesem Jahr kaufte der Freiherr von Khevenhiller im Auftrage des Kaiserlichen Hofes zu Wien in Spanien neun Hengste und 24 Mutterstuten und brachte sie nach Lipizza. Sie bildeten mit den Pferden der ureingesessenen Karstrasse den Grundstock des neu gegründeten Gestütes. Außer den spanischen Pferden wurden zur gleichen Zeit noch Hengste aus der nahegelegenen Polesina geholt, jener fruchtbaren Landschaft zwischen Po und Etsch, wo Pferde gezüchtet wurden, die wegen ihrer Schönheit, ihrer stattlichen Haltung, zierlichen Bewegungen bei ebenmäßigem, gutem Bau weit über die Landesgrenzen hinaus bekannt waren.

Die Zucht des Lipizzaners, anfänglich »Pferd der Karster Rasse Lipizzaner Zucht« genannt, begann auf der Grundlage der vorhandenen Karstpferde, in denen aus alter Römerzeit her noch so mancher »Tropfen« edlen orientalischen

Neapolitaner, nach einem Stich von J. E. Ridinger

Neapolitano sen. 1790
Original Neapolitaner

Neapolitano Bellamata 1807 L.

Neapolitano Aquileja 1820 L.

Neapolitano Groczana II 1829 L.

Neapolitano Valdamora 1839 L.

Neapolitano Caldas 1851 L.

Neapolitano Mahonia 1868 L.

Neapolitano Trompeta 1875 L.

- Neap. Ancona VI 1887 L.
  - Neap. Gratia 1904 L.
  - Neap. Capriola 1905 L.
    - Neap. Trompeta 1913 L.
      - Neap. Kitty 1927 V.
    - Neap. Brezovica 1912 L.
      - Neap. Slavonia I 1928 S.
- Neap. Slatina III 1897 L.
  - Neap. Miramar 1902 L.
    - Neap. Slavonia 1925 S.
      - Neap. 241 Slava III 1938 S.
    - Neap. Gaetana 1925 S.
      - Neap. 131 Adria III 1935

Stammbaum der Neapolitano-Linie
(L. = Lipizza, S. = Stančić, V = Vukovar)

Stornella, geb. 1784, R., Kopčany
v. Pepoli

Stornella, geb. 1795, R., Kopčany
v. Principe, R.

Stornella I, geb. 1802, R., Klad.
v. Imperatore, R. Klad.

Stornella II, geb. 1820, Sch. Klad.
v. Generale jun., Sch. Klad.

Stornella, geb. 1832, Sch. Kst.
v. Grimalkin-Wourthy, Engländer

Stornella, geb. 1845, Sch. Kst.
v. Siglavy Africa, Kst.

Stella, geb. 1853, Sch. Kst.
v. Gazlan, Original-Araber

Steaka, geb. 1867, Sch., Kst.
v. Hadudi, Original-Araber

- Saffa, geb. 1873, Sch. Kst.
  v. Siglavy Bonita, Kst.
  - Sava, geb. 1889, Sch. Kst.
    v. Conversano Virtuosa, Kst.
- Steaka II, geb. 1876, Sch., Kst.
  v. Siglavy Bonita, Kst.
  - Stornella, geb. 1889, Sch. Kst.
    v. Pluto Monteaura, Kst.

Stammbaum der Stutenfamilie Stornella

Die 18 Stutenfamilien des alten Lipizza

Neben den Hengstlinien haben sich in Lipizza auch bekannte Stutenfamilien herausgebildet, die ihrer Herkunft nach von 1 bis 18 numeriert sind. Um die Jahrhundertwende entstammten die 83 Zuchtstuten 15 Stammüttern, von denen unter anderen fünf aus Kladrub, drei vom Karst, zwei aus dem Orient und eine aus Dänemark kamen. Die Stämme Sardinia (geb. 1770), Spadiglia (geb. 1770) und Argentina (geb. 1750) aus Lipizza, Africa (geb. 1740) und Almerina (geb. 1769) aus Kladrub dominierten. Am Ende des zweiten Weltkrieges befanden sich in dem aus den Beständen von Piber, Lipizza und dem jugoslawischen Hofgestüt Demir Kapija vereinigten Lipizzanergestüt Hostau in Böhmen in der Tschechoslowakei noch 18 Stutenfamilien, außer den schon erwähnten Stämmen unter anderen Vertreterinnen der bekannten Linien Deflorata,

Deflorata, geb. 1767, Rotsch.
Dänemarker

Amabila, geb. 1779, Br., Klad.
v. Toscanello, Klad.

Amabila, geb. 1789, Br., Klad.
v. Conversano, Kst.

Montenegra, geb. 1803, Falbe, Kopčany
v. Toscanello, Klad.

Montenegra, geb. 1817, Falbe, Kst.
v. Neapolitano, Kopčany

Montenegrina, geb. 1823, Br, Kst.
v. Favory, Kopčany

Capriola, geb. 1834, Sch., Kst.
v. Pluto Perla, Kst.

Calma, geb. 1841, Sch., Kst.
v. Favory Ratisbona, Kst.

Calma, geb. 1850, Sch., Kst.
v. Neapolitano Valdamora, Kst.

Canissa, geb. 1859, Sch., Kst.
v. Maestoso Cora, Kst.

Canissa, geb. 1867, Sch., Kst.
v. Ben Azet, Vollblut-Araber

Canissa, geb. 1884, Sch., Kst.
v. Maestoso Mascula, Kst.

Capriola, geb. 1891, Sch., Kst.
v. Pluto Monteaura, Kst.

Stammbaum der Stutenfamilie Deflorata

Theodorosta, die arabisches Blut führte, und Capriola, eine berühmte Stute aus dem Stamm Deflorata. Drei Stutenfamilien des ehemaligen Hofgestütes Lipizza, Rosza, Khel el Massaid und Mersucha, sind ausgestorben.

Lipizzaner – die älteste Kulturpferderasse Europas

Die Lipizzanerrasse ist einem Blutsammelbekken vergleichbar, in dem erloschene Pferderassen wie die Andalusier, Neapolitaner und Frederiksborger Dänen weiter fortleben. Basierend auf den schon 1658 erlassenen Zuchtvorschriften und einer 23 Paragraphen umfassenden Gestütsordnung, die noch heute als mustergültig bezeichnet werden kann, und der späteren, strikt durchgeführten Linienzucht konnte sich diese älteste Kulturpferderasse Europas 400 Jahre lang rein erhalten. Da das altspanische Pferd auch einen Anteil des schweren Pyrenäenpferdes mit sich führt und die alte Karster Rasse zu Masse und Schwere neigt, bestand bei konstanter Reinzucht ohne Beimischung veredelnden Blutes die Gefahr, daß, entsprechend dem Urtypus, die Pferde größer und schwerer werden. Während im 18. Jahrhundert die Namen orientalischer Hengste nur ganz vereinzelt in den Gestütbüchern zu finden sind, erfolgt zu Beginn des 19. Jahrhunderts eine ausgiebige und methodische Nutzung des arabischen Blutes. Insbesondere waren für den verstärkten Einsatz arabischer Hengste und Stuten in Lipizza zwei Gründe maßgebend. Einmal wollte man die Form des Lipizzaners veredeln, zum anderen glaubte man, daß die Zuchtbasis der zum Teil in naher Verwandtschaft gezogenen Lipizzaner dringend zu erweitern sei. Auf Grund des hohen Anteils an Araberblut sowohl beim Andalusier als auch beim Neapolitaner entsprach die spätere Zuführung reinen Araberblutes zur Festigung der Rasse durchaus den Prinzipien der reinen Rassenzucht. Da im 19. Jahrhundert keine altspanisch-italienischen Pferde mehr zu bekommen waren, griff man auf den Araber zurück.

Name	Herkunft		Weibliche Nachkommen
1. Sardinia	1770	Karst	Canissa 1803, Betalka 1857, Bravissima 1914
2. Spadiglia	1770	Karst	Monteauru 1852, Montenegra 1915
3. Argentina	1750	Karst	Austria 1843, Adria 1863, Slava 1921
4. Africa	1740	Kladrub	Benvenuta 1781, Batosta 1887, Barbana 1904
5. Almerina	1769	Kladrub	Albania 1826, Slavina 1834, Slavonia 1915
6. Presciana (Bradamanta 1777*)	1782	Kladrub	Bona 1838, Bovania 1889, Bonavista 1913
7. Englanderia	1773	Kladrub	Andalusia 1840, Aleppa 1855, Allegra 1868
8. Europa	1774	Kladrub	Trompeta 1779, Troja 1859, Traga 1865
9. Stornella (Fistula 1771*)	1784	Koptschau	Stella 1853, Sagana 1899
10. Famosa (Ivanka 1754*)	1773	Koptschau	Formosa 1803, Delphina 1829, Strana 1894
11. Deflorata	1767	Dänemark	Capriola 1834, Canissa 1859
12. Rosza		Terešovac	
13. Khel il Massaid	1841	Orient	
14. Mersucha	1849	Orient	
15. Gidrana	1841	Orient	Gaeta 1873, Gaetana 1887
16. Djebrin	1814	Radautz	Dubovina, Darinka 1903
17. Mercuri	1826	Radautz	Gratia 1883, Gratiosa 1899
18. Theodorosta	1865	Radautz	Wanda 1886, Wera

* nach Steinhausz

Die 18 Stutenfamilien

Der Einfluß des Arabers auf die Zucht

Nach Auflösung des Hofgestütes Koptschau im Jahre 1826 wurde das dortige, überwiegend orientalische Zuchtmaterial nach Lipizza überführt. Der Versuch, neben dem Lipizzaner auch reinrassige arabische Pferde zu züchten, blieb jedoch erfolglos. Die Reinzucht des Arabers in Lipizza wurde wieder aufgegeben. Sein veredelnder Einfluß auf die Lipizzanerrasse ließ sich aber nicht leugnen. Von einem größeren Transport arabischer Pferde aus dem Orient, der 1875 in Triest entladen wurde, blieben allein zwei Schimmelhengste und 16 Stuten im nahegelegenen Lipizzanergestüt. Eine Periode der stärksten Vermischung arabischer Genanteile mit denen der Karster Rasse begann. Im Jahre 1882 zählten von sieben Deckhengsten allein vier zu den reinen Arabern. Jedoch schon drei Jahre später wurde der letzte Originalaraber aus der Zucht entfernt. Von nun an nutzte man vornehmlich die Nachkommen des Siglavy-Stammes zur Weitergabe der eingekreuzten arabischen Erbanlagen in der Lipizzanerzucht.

Die Nachkommen mit stärkerem arabischen Blutanteil hatten gegenüber dem reinen Karster Lipizzaner einen kleineren, edleren Kopf, einen feinen, mehr ausgestreckten Hals, einen festen kürzeren Rücken, höheren Schweifansatz und waren fruchtbarer. Sie sind deutlich kürzer, die Schulter ist schräger gestellt, der Widerrist tritt deutlicher hervor, entsprechend der ausschließlichen Nutzung des Arabers als Reitpferd gehen die Brustdimensionen zurück. So wirken die Kreuzungsprodukte mit höherem arabischen Blutanteil hochbeiniger. Sie sind schneller als reine Karster, verlieren aber auch ihre hohe Aktion.

Nach der Tränke geht es zurück auf die alte Weidefläche

Am augenscheinlichsten zeigt sich der Einfluß des arabischen Blutes in der Farbe. Die bis dahin bunten Herden von Lipizza mit Falben, Rappen, Braunen, Isabellen, Schabrackentigern und Schecken, wie sie auf dem Gemälde »Stutenherde in Lipizza im Jahre 1727« von J. G. Hamilton, dem bedeutenden englischen Pferdemaler, zu sehen sind, wurden weiß. Seither ist die Schimmelfarbe dominierend bei den Lipizzanern, die »Barockfarben« traten immer mehr zurück.

Die Lipizzanerfohlen werden, wie fast alle Schimmel, dunkel geboren. Sie sind in den ersten Lebenswochen braun, schwarzbraun oder mausgrau. Nach drei bis vier Monaten fallen die Deckhaare aus, es entstehen auf dem Fell graue Inseln von dem darunter nachwachsenden Haarkleid, zuerst am Auge, dann am Kopf. Teile des dunklen Fohlenpelzes auf hellem Untergrund geben dem Fell oft ein fleckiges, scheckiges Aussehen. Bei jedem Haarwechsel werden die jungen Pferde heller. Zuletzt verlieren sich die dunklen Haare im Schweif und an der Mähne. Der Lipizzaner ist erst zwischen dem vierten und zehnten Lebensjahr, in der Regel im siebenten, ganz weiß. Bei dunkel pigmentierter Haut hat das weiße Deckhaar einen silbrigen Glanz, der die Bezeichnung »Silberschimmel« für den Lipizzaner rechtfertigt. Ist der Einfluß des arabischen Blutes innerhalb der Lipizzanerzucht beim Siglavy-Stamm eindeutig am stärksten, so lassen auch die anderen Hengstlinien mehr oder weniger deutlich ihren arabischen Bluteinschlag erkennen – bei den Maestosos sichtbar an der sanfteren Biegung der Nasenlinie, bei den Favorys am leichteren, feineren Bau des Körpers, bei den Conversanos am weniger hoch aufgesetzten, feinen Hals. Groß und langgestreckt im Exterieur, haben sich die Neapolitaner noch am stärksten gegen den Einfluß des zugeführten arabischen Blutes behaupten können. Ihre schweren Köpfe mit der stark gebogenen Ramsnase zeugen davon. Lediglich der Pluto-Stamm wurde deutlich vom arabischen Einschlag freigehalten, er ist der reinste der alten Karster Stämme.

Charakteristische Merkmale der einzelnen Hengststämme

Die Nachkommen der sechs Stammväter von Lipizza vererben nach wie vor sehr charakteristische Merkmale und Eigenschaften. Wenn auch die Zugehörigkeit zum Vaterstamm nach so vielen Generationen nicht mehr deutlich ist, weil ja von der Mutterseite her und von den Müttern aller Vorväter auch andere Stammlinien ihren Blutanteil an die Nachkommen weitergeben, so lassen sich doch besondere Charakteristika für die sechs Zuchtstämme zusammenfassen.

Die Plutos sind kräftige, großrahmige Rechteckpferde mit langem Rücken, besonders starkem, hochangesetzem Hals und leichter Ramsnase. Ihre Bewegungen sind energisch. Die Nachkommen des Conversano-Stammes sind charakterisiert durch starke Ramsnase, weniger hoch aufgesetztem Hals, kürzeren Rücken, breite Sprunggelenke und besonders erhabene Bewegungen. Die Neapolitanos mit schwerem Kopf und stark gewölbt in der Profillinie sind Pferde von kraftvollem Äußeren und hohem »Kniebug«.

Die Vertreter der Favory-Linie haben einen feineren, leichteren Bau. Ihre sanft gebogene Nase erinnert noch immer an den Kladruber Stammvater. Sie neigen zum Albinismus, sichtbar an stark rosa gefleckten Hautpartien im Bereich der Augen, des Maules und der Genitalien. Die Maestosos sind kräftige Pferde mit langem Rükken, stark muskulöser Kruppe und kraftvoll erhabenen Gängen. Die schweren Köpfe weisen nur eine sanfte Biegung in der Nasenlinie auf. Der Siglavy-Stamm verkörpert den Typ des arabisierten Lipizzaners. Die Köpfe sind gerade geworden, edler, der Hals schlanker als bei den Vertetern der anderen Hengstlinien, in einer mehr ausgestreckten, sanft gebogenen Linie verlaufend. Der Widerist ist höher, der Rücken kurz, die Tiere wirken feiner, leichter, der alte Rechtecktyp ist verlorengegangen. Die betont erhabenen Gänge fehlen. Diese Charakteristika gelten uneingeschränkt nur noch für den klassischen Lipizzaner bis zum ersten Weltkrieg. In-

Conversano XXII, Sîmbăta de Jos, Hengst im arabisierten Typ

M

F

S

zwischen hat sich der Typ der einzelnen Linien entsprechend den zum Teil unterschiedlichen Zuchtbedingungen und Zuchtrichtungen in den einzelnen Gestüten verändert.

Die Skizzen typischer Köpfe der klassischen Hengststämme sollen noch einmal die markantesten Unterschiede verdeutlichen.

Nach Bilek treten gerade in der Kopfform typische Familienkennzeichen auf, die sich dominant vererben, so daß man aus der Form und Haltung des Kopfes schon bei halbwüchsigen Fohlen auf ihre Familie schließen kann. Um die Jahrhundertwende mag das noch weitgehend der Fall gewesen sein, inzwischen haben sich aber die Kopfform der einzelnen Stämme mehr oder weniger angeglichen. Auch die Selektion auf »Schönheit«, das züchterische Zurückdrängen oder Eliminieren der Ramsnase, haben zum großen Teil dazu beigetragen, daß die typische Kopfform des Originaltyps verlorengegangen ist. Hinzu kommt noch das Bestreben, die kompakte Halsform des barocken Typs zu Gunsten eines reitgerechteren, leichteren Halses zu verändern.

Anhand der Pferdekopfskizzen von Emil Kotbra wird noch immer deutlich der starke Einfluß des Arabers auf die Kopfprägung des Siglavystammes und die besonders kräftige Kopf- und Halsform des Plutostammes. Die übrigen Typen gehen aber ineinander über, so daß von einer Abgrenzung im Exterieur, wie sie Bilek 1910 noch nachweist, heute nicht mehr gesprochen werden kann.

Die Tulipan- und Incitato-Linie

Zu diesen sechs klassischen Hengstlinien aus Lipizza kommen noch die kroatische Tulipan-Linie und der Siebenbürger Incitato-Stamm. Schon lange wurden in Terešovac-Suhopolje, an der ungarischen Grenze in der Drauniederung, edle Pferde spanisch-neapolitanischer Abkunft gezogen, als in den 60er Jahren des vorigen Jahrhunderts die ersten Hengste aus Lipizza hinzukamen. Das Zuchtziel bestand in der Produktion leistungsfähiger und schneller Wagenpferde. Die Voraussetzung für die Auswahl der Zuchtstuten war der Nachweis hervorragender Leistungsfähigkeit. Eine harte, gesunde Knochen, Muskeln und Gelenke schon in jungen Jahren fördernde Gebirgsweide von April bis November schuf die Voraussetzung für eine erfolgreiche Zucht. Hier, in dem ersten Lipizzanergestüts Kroatiens mit einem Bestand von über 50 Mutterstuten, wurde die weit über die Landesgrenzen hinaus anerkannte, auch heute noch in Ungarn und Rumänien bestehende Tulipan-Linie begründet. Sie entstand aus der Kreuzung der reinen Lipizzanerrasse mit der alten Terešovacer.

Der im ungarischen Mezöhegyes 1802 aufgezogene Ahnherr und Begründer des Incitato-Stammes hat einen Siebenbürger Hengst zum Vater und eine Mutter spanischer Abstammung. Seine Nachfahren sind noch heute in Ungarn und in der Tschechoslowakei zu finden.

P

N

C

Emil Kotrba

Typische Kopfausbildung der sechs klassischen Hengsstämme um 1900 (M = Maestoso, F = Favory, S = Siglavy, P = Pluto, N = Neapolitano, C = Conversano)

Ab 1874 neue Gestütsgründungen

Im ehemaligen k. u. k. Karster Hofgestüt zu Lipizza, dem jetzigen Jugoslawischen Staatsgestüt Lipica, stand die Wiege der Lipizzanerzucht. Von hier aus wurden auch der Aufbau neuer Zuchtstätten der Lipizzaner gelenkt und die neu gegründeten Gestüte mit edlem Zuchtmaterial versorgt.

Der Standort für Lipizzas Pferde wechselte als Folge von Kriegseinwirkungen mehrmals. Für sechs Jahre wurden Lipizzas Pferde 1809 im ungarischen Mezöhegyes untergebracht. Doch fehlten ihnen hier die Almweiden, die frische Gebirgsluft, das kristallklare kalte Quellwasser, der steinige Boden, das würzige Karstfutter, die schattigen Bäume und die steilen Abhänge, die Muskeln und Sehnen stärken. Die Stuten verwarfen, die Fohlensterblichkeit stieg, die Nachzucht verweichlichte. Es bestand die akute Gefahr einer ständig zunehmenden Degenerierung der Lipizzanerrasse. Sie wurde erst gebannt, als die meisten der Pferde wieder in die »Karstoase« zurückkamen.

Der in Mezöhegyes weiter gezüchtete Lipizzanerstamm verkümmerte in der ungarischen Tiefebene immer mehr. Schon vor der Rückkehr des Hauptteiles der Herde nach Lipizza hatte man erwogen, sie in ein dem Karst angepaßtes Gebiet zu bringen. Der Plan wurde fallengelassen, als nach der endgültigen Niederlage Napoleons Lipizza und seine Umgebung wieder an Österreich zurückgegeben wurden. Es bedurfte vieler Jahre, bis für die in der Theißebene verbliebenen Lipizzaner eine geeignete Zuchtstätte, die Bergweiden Siebenbürgens, gefunden wurde.

In dem Bemühen, die in Mezöhegyes verbliebenen, stark gefährdeten Lipizzanerstamm zu erhalten, wurde im Jahre 1874 das damals noch ungarische Staatsgestüt Făgăraş am Fuße des gleichnamigen Gebirges gegründet. Als Brandzeichen wurde das F (Făgăraş) mit Krone gewählt. Seither werden in Sîmbăta de Jos, unweit der Stadt Făgăraş, im Bezirk Brasov, Lipizzaner gezüchtet. Nach einer kurzen Unterbrechungszeit während des ersten Weltkrieges erfolgte die Neugründung des rumänischen Lipizzanergestütes Sîmbăta de Jos – Făgăraş im Jahre 1920.

1912 verlegte die ungarische Gestütsverwaltung die Lipizzanerzucht von Făgăraş in das alte traditionsreiche Arabergestüt Bábolna im Komitat Komáron. Bis 1951 wurden hier, auf halbem Wege von Budapest nach Bratislava, Ungarns Lipizzaner auf dem für Pferde so günstigen Boden der Bábolna-Pußta gezüchtet. Obgleich sie trotz anfänglicher Bedenken in der flachen Landschaft gut gediehen, entschlossen sich die Verantwortlichen der ungarischen Pferdezucht, im Jahre 1951 das Lipizzanergestüt nach Szilvásvárad, ins wild- und kalksteinreiche Bükkgebirge, zu verlegen. Seither tragen Ungarns Lipizzaner vom Bükk als Brandzeichen zusätzlich eine Geweihumrahmung zum alten Bábolnaer B.

Im ersten Weltkrieg kam es zum endgültigen Auszug der österreichischen Lipizzaner aus der Karstheimat. 1915 wurde das Gestüt Lipizza nach Laxenburg bei Wien verlegt, einige Fohlenjahrgänge nach Kladrub in Böhmen, 80 km östlich von Prag. Mit dem Zuchtmaterial aus Kladrub konnte 1921 in Topoľčianky, bei Nitra in der Slowakei, die erste Zuchtstätte für Lipizzaner in der damaligen Tschechoslowakischen Republik gegründet werden. Als Brandzeichen wählte man das T mit dem darunter liegenden Zeichen R – Republik, Č – Česko, S – Slovakia.

Die Pferdebestände des nach Laxenburg gebrachten Gestütes von Lipizza wurden nach Friedensschluß geteilt. Die eine Hälfte kam in die Heimat zurück, die andere 1919/20 nach Piber bei Graz in die Steiermark. Das war die Geburtsstunde eines weiteren Lipizzanergestütes. Während die in ihrer Karster Heimat geborenen Lipizzaner weiterhin mit dem traditionellen L-Brand an den Ganaschen gezeichnet werden, tragen die Lipizzaner von Piber als Zeichen ihrer neuen Zuchtstätte zusätzlich den P-Brand mit Krone auf dem linken Oberschenkel.

Unerwähnt sollte nicht bleiben, daß im Heimatland der Lipizzaner außer den traditionellen Gestüten im Bereich des ehemaligen Österreich-Ungarn das weiße Edelpferd Jugoslawiens in den Staatsgestüten Đakovo in Kroatien, Vučijak

Incitato sen. 1802
Siebenbürger

Incitato VII 301 Marquis 1819 M
M. 1824–1836

Incitato XX 363 Maestoso VII 1834 M.
M. 1855–1856

Incitato XXII 784 Incitato XV 1856 M.

Incitato I 437 Shagya VI 1867 M.
Fag. 1875–1880

Incitato II 4 Basil 1880 Fag.
Fag. 1885–1903

Incitato IV 64 Neapolitano III 1902 Fag.
F. 1907–1912
B. 1912–1923

Incitato V 138 Pluto Fantasca II 1920 B.
B. 1924–1934

Incitato VI 42 Favory XVII 1933 B.
B. 1936–1957

Incitato VIII 29 Maestoso XIX 1946 B.
B. 1953–1955
Sz. 1960–1962

Incitato VII 48 Pluto XVII 1934 B.
B. 1949–1952
Sz. 1953–1957

Stammbaum der Incitato-Linie,
(M = Mezöhegyes, Fag. = Făgăraş,
B = Bábolna, Sz = Szilvásvárad)

Tulipan sen. T.

Tulipan – Vörösdaru T.

Tulipan – Leányasszony T.

Tulipan – Akárhogy T.

Rumänische Linie

Tulipan I – Titania 1909 T.
(1922–24 Făgăraş)

Jugoslawische Linie

Tulipan – Ira 1912 T.

Tulipan – Maradhat 1925 S

Stammbaum der Tulipan-Linie
(T. = Terešovac, S. = Stančić)

in Bosnien-Herzegowina und Karadordevo in Serbien, erfolgreich gezüchtet wird. Das wertvolle Zuchtmaterial der beiden ersten Lipizzanerzuchtstätten im neugegründeten Staat Jugoslawien, Stančić bei Zagreb (1920), und Demir-Kapija in Mazedonien (1924) ging in den Gestüten der Sozialistischen Föderativen Republik Jugoslawien mit auf.

Fortbestand der Rasse ist oft gefährdet

Die Entwicklung der Lipizzaner ist nicht frei von Rückschlägen und Gefahren, die diese Rasse im Laufe der Jahrhunderte mehrmals in ihrer Existenz gefährdeten. Während das Gestüt die Türkenkriege unbeschadet überstand, müssen 1797 die Lipizzaner aus dem Karst das erste Mal vor der heranrückenden französischen Armee in Sicherheit gebracht werden. Nach 40 Tagen anstrengenden Marsches finden sie im ungarischen Székesfehérvár vorläufige Unterkunft. Für die Widerstandskraft und die gute Gesundheit der Tiere spricht die Tatsache, daß sie im Herbst alle wieder heimkehren und 16 neugeborene Fohlen dazu.

Im November 1805 müssen Lipizzas Pferde erneut die Heimat verlassen. Diese Winterflucht nach Slowenien ins dortige Gestüt Đakovo stellt die höchsten Anforderungen an die Tiere. Hunger und Kälte sind ihre ständigen Begleiter. Aber als sie im Frühjahr 1807 heimkehren, wird nur ein einziges Fohlen als Verlust registriert.

Die sechs Jahre Aufenthalt von 1809 bis 1815 auf den niedrig gelegenen Weiden des ungarischen Mezöhegyes waren die stärkste Belastungsprobe für den Fortbestand der Lipizzanerrasse. Es drängt sich die Frage auf, was wäre aus dieser edlen Rasse geworden, wenn sie ihrer Karstheimat für immer hätte fernbleiben müssen. Nur unter den für sie idealen Aufzuchtbedingungen konnte sie sich wieder festigen und ihre alte Form erreichen.

Die Existenz des Gestüts Lipizza und damit das Fortbestehen der Rasse war nicht nur durch äußere Anlässe, Erdbeben, Brände und Kriegseinwirkungen gefährdet. Auch Überlegungen und Pläne von bürokratischen Beamten des Wiener Hofes zur Auflösung des kostspieligen Karstgestüts bedrohten seine Existenz. Aus Gründen falsch angewandter Sparsamkeit sollte das Gestüt verlegt werden, an einen Ort, an dem sich der Unterhalt des Gestüts billiger gestalten würde. Schon 1785 hat man erstmals in einer Denkschrift vorgeschlagen, das Gestüt nach Galizien zu verlegen. Später dachte man an die Verlegung nach Koptschau oder Kladrub.

Diese Gefahr eines Ortswechsels schwebte lange Jahre über dem Gestüt. Erst später wurde die Entscheidung getroffen, die Lipizzaner auf dem Karstboden zu belassen, der besser als jeder andere für die Erhaltung der ausgezeichneten Rasse in ihrem Typus und Habitus geeignet ist.

So hatte die Rasse viele Belastungen überdauert, und sie überdauerte auch die tödlichen Gefahren des zweiten Weltkrieges. Nach Hostau im Böhmerwald waren 1942/43 die Pferde aus Demir Kapija, Piber und Lipizza gekommen, 300 Lipizzaner war der Bestand dieses vereinigten Lipizzanergestütes groß, als im April 1945 die Front vor dem totalen Zusammenbruch stand und der zweite Weltkrieg die Lipizzanerzucht

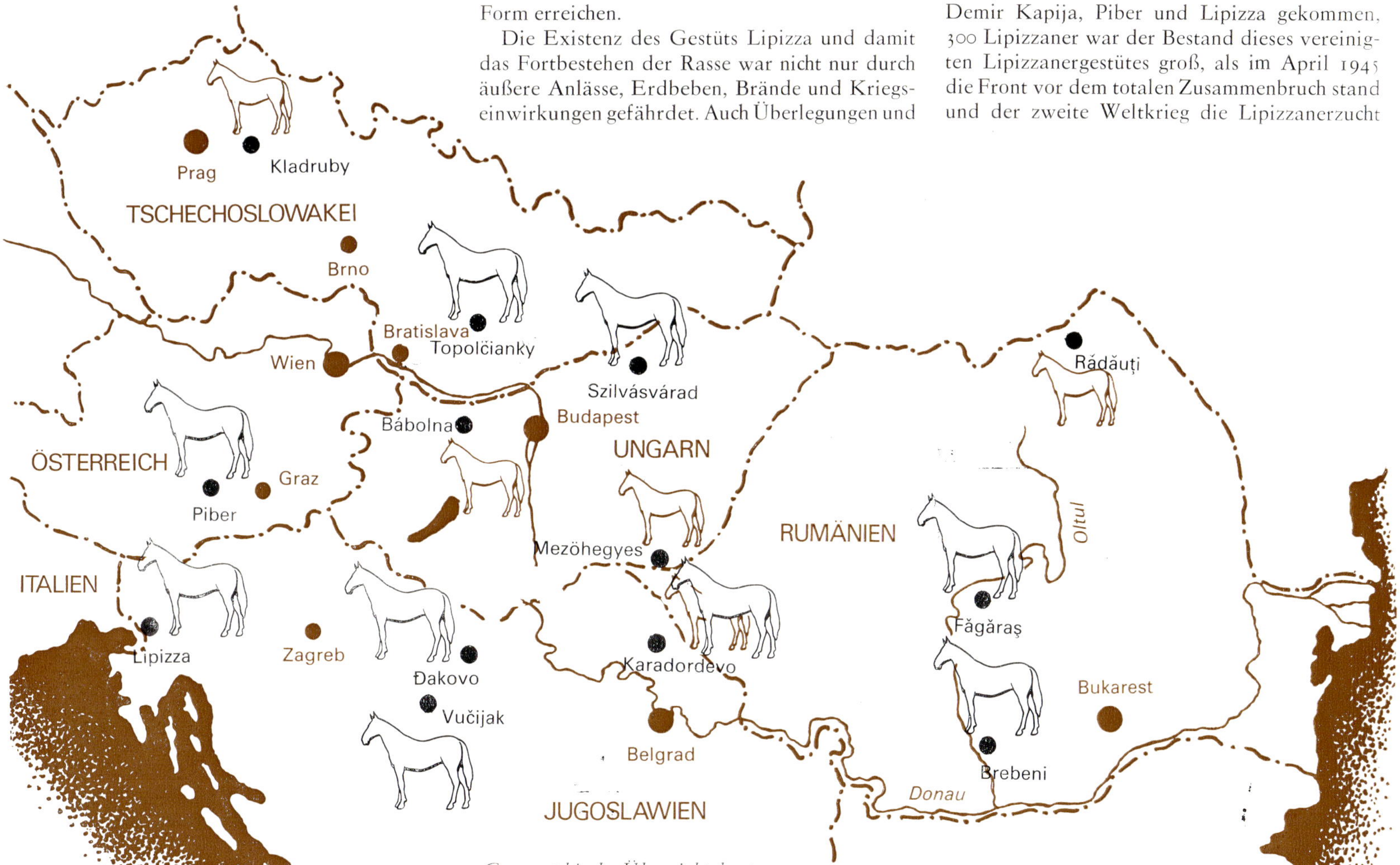

Geographische Übersichtskarte aller Lipizzanergestüte

Das rumänische Lipizzanergestüt Sîmbăta de Jos-Făgăraș

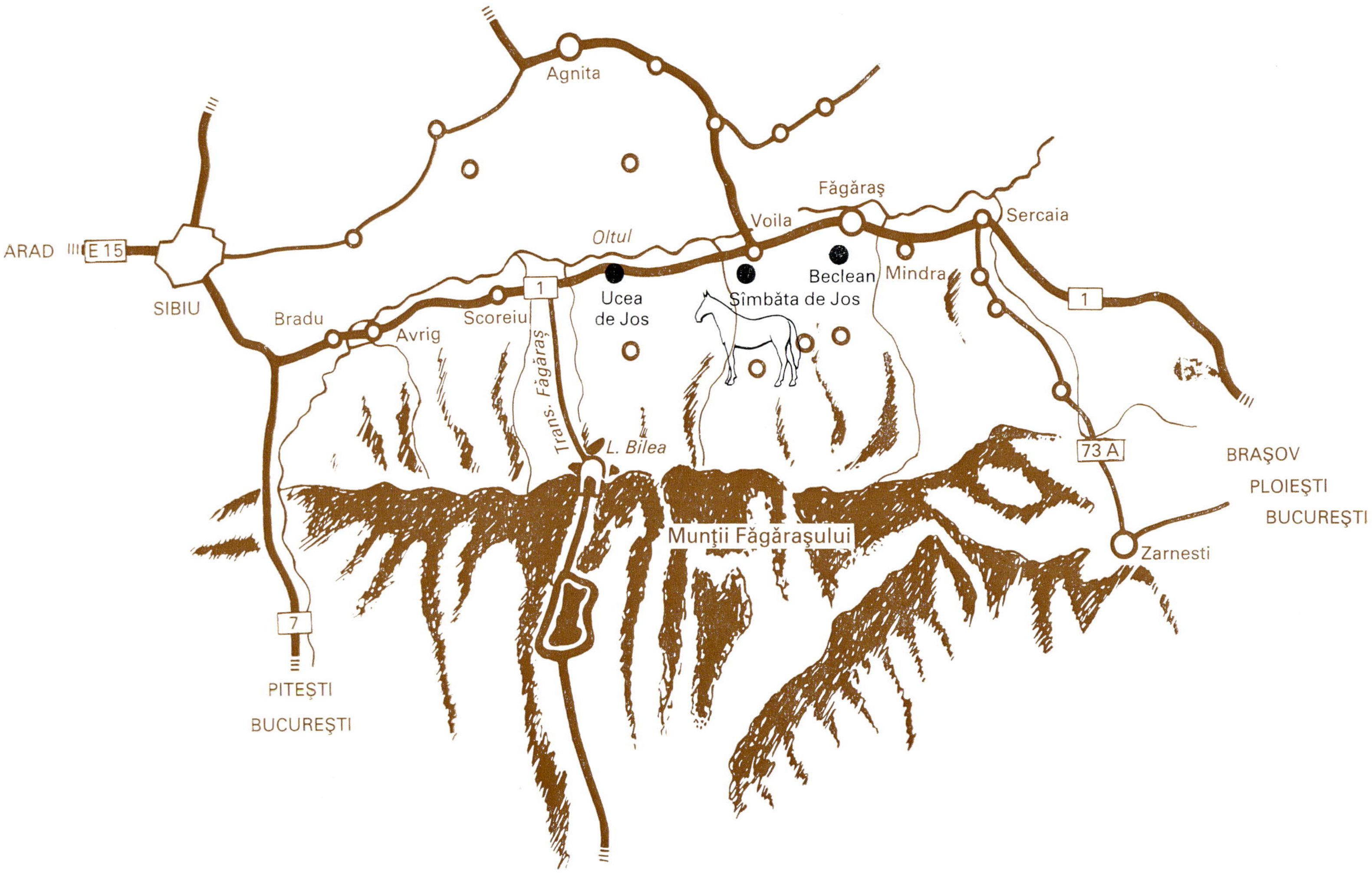

Das rumänische Lipizzanergestüt Sîmbăta de Jos – Făgăraș und seine Umgebung

Geographische Lage

Simbăta de Jos, das Lipizzanergestüt Rumäniens, liegt am Fuße des Făgăras-Gebirges, des in Ost-West-Richtung verlaufenden, bis über 2500 m ansteigenden Gebirgsmassivs der Südkarpaten. Im Zentrum des ehemaligen Siebenbürgen, etwa in der Mitte zwischen Braşov und Sibiu, nahe der Stadt Făgăraş, wurde das damalige Gestüt Făgăraş im Jahre 1874 gegründet. Die Weideflächen und Felder reichen im Norden bis unmittelbar an den Olt, einen Nebenfluß der Donau, der das Bergmassiv der Karpaten in südlicher Richtung durchquert. Im Süden werden sie begrenzt von den Hängen des Făgăraş-Gebirges.

Simbăta de Jos liegt 400 m über dem Meeresspiegel. Die durchschnittliche Niederschlagsmenge beträgt 713 mm pro Jahr, die Durchschnittstemperatur 8 bis 9 °C, maximal plus 30 bis 35 °C im Sommer und minus 25 bis 28 °C im Winter. Weidegang ist nur vom 15. Mai bis zum 15. Oktober möglich.

Was für die Errichtung des Gestütes sprach

Durch eine Kaiserliche Verfügung vom 21. Oktober 1873 wurde die Gründung des Staatsgestütes Făgăraş angeordnet. Zu dem Komplex gehören das 1750 erbaute Schloß, ausgedehnte Stallungen und Wirtschaftsgebäude sowie 3200 ha Wiesen, Weiden und Acker.

Zu dieser Gestütsgründung kam es, weil der bis dahin in Mezöhegyes gezüchtete Lipizzanerstamm in der ungarischen Tiefebene völlig verkümmerte. Auf der Suche nach einer geeigneten Zuchtstätte bot sich Siebenbürgen an; einmal wegen der günstigen örtlichen Gegebenheiten seiner Bergweiden und harten klimatischen Bedingungen, zum anderen wegen gewisser Ähnlichkeit des alten Siebenbürger Schlages mit dem des Lipizzaners. Allein der Umstand, daß die alte Siebenbürger Rasse ebenfalls spanisch-italienisch-orientalischen Ursprungs ist, schien geeignet, den Lipizzaner nach Siebenbürgen zu bringen. Mittlere Größe, häufig etwas ramsartiger Kopf, ein schön gewölbter, hochgetragener Schwanenhals, sehr gute Hufe, erhabener Gang – all das sind Charakteristika, die deutlich an den Lipizzaner erinnern. Wenn auch die offensichtlichen Vorteile einer Verlagerung des Gestütes von Mezöhegyes im Bezirk Arad nicht zu leug-

Morgendliche Ausfahrt in Simbăta de Jos

Linien Maestoso und Pluto erhielten 1955 ebenfalls Blutzufuhr aus der Tschechoslowakei. Alle anderen Stämme wurden allein aus dem alten Kern des neugegründeten Gestütes aufgebaut.

Rigorose Selektion in den ersten Zuchtjahren führte bei dem zum Teil recht schwachen Ausgangsmaterial mit geringer Masse und Körpergröße sehr bald zum Erfolg, so daß in kurzer Frist eine in sich gefestigte, züchterisch stabile Herde aufgebaut werden konnte. Von 1922 bis 1930 konnte die Widerristhöhe von 142,7 auf 149,7 cm erhöht werden, der Brustumfang von 173,4 auf 178,7 cm, der Röhrbeinumfang von 18,6 auf 19,8 cm, die Körpermasse von 420 kg auf 437,5 kg. Damit wurde der rumänische Lipizzaner in seinen Standardmaßen denen der anderen Zuchten schon weitgehend angeglichen.

Eine Statistik der Jahre 1922 bis 1935 über den Pferdebestand im Bezirk Făgăraş zeigt deutlich, daß sich die Lipizzanerrasse immer mehr verbreitete und andere Rassen weitgehend verdrängte. So stieg der Lipizzaneranteil in dieser Zeit von zwei Deckhengsten und 37 Stuten auf 21 Deckhengste und 1088 Stuten. In der Landeszucht dominierte die Tulipan-Linie mit 35,48 Prozent, als gutes, kräftiges Arbeitspferd, vor den Linien Maestoso (27,05 Prozent), Conversano (17,94 Prozent) und Favory (10,34 Prozent). Incitato (4,62 Prozent), Neapolitano (2,88 Prozent) und Siglavy (1,96 Prozent) sind mit ihren Nachkommen nur gering vertreten, der Pluto-Stamm fehlt völlig.

1935 wurde im Bereich des Einflußgebietes von Simbăta de Jos ein Syndikat zur Zucht des Lipizzaners gegründet, dessen Ziel darin bestand, ein Pferd zu züchten, das den Ansprüchen der Landwirtschaft und des Heeres entsprach. Messungen (Magiaru, 1939) an 51 Pferden (45 Stuten, sechs Hengste) ergaben eine durchschnittliche Widerristhöhe von 148,18 cm bei Stuten und 149 cm bei Hengsten, einen Brustumfang von 169,69 cm bzw. 169,83 cm, einen Röhrbeinumfang von 18,44 cm bzw. 18,79 cm und eine Körpermasse bei Stuten von 408,10 kg, bei Hengsten von 425 kg. Das untersuchte Pferdematerial gehörte zum großen Teil Kleinbauern. Es stammte väterlicherseits von Deckhengsten des Hauptgestütes ab, mütterlicherseits sind auch andere Rassen beteiligt. Die angegebenen Maße liegen deutlich unter denen des staatlichen Gestütes, so daß insbesondere für die Landwirtschaft die Forderung nach mehr Höhe und Breite und einem kräftigeren Knochenbau erhoben wurde.

Die Dorfstraße von Simbăta de Jos

Stuten und Fohlen suchen Kühlung im Wasser

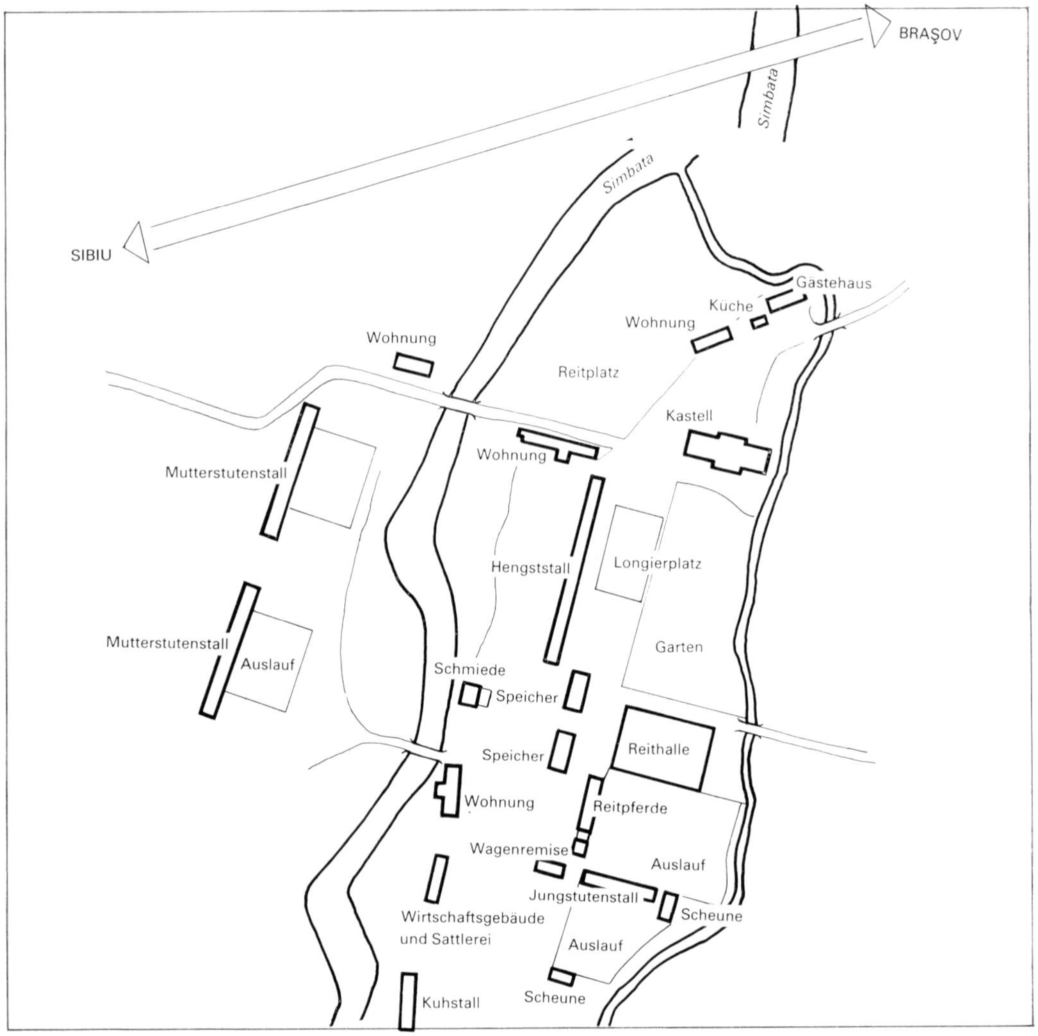

Jungstuten im Auslauf. Dreijährig kommen sie vom Fohlenhof zur Ausbildung nach Sîmbăta de Jos. Erst nach bestandener Eignungsprüfung dürfen sie in die Mutterstutenherde

Fohlen mit Stehmähne

Lageskizze von Sîmbăta de Jos

Sîmbăta de Jos –
Nachfolgegestüt und größte aller Lipizzanerzuchtstätten

Die farbigen Bauernhäuser des Ortes mit ihren reichen Putzverzierungen und Schnitzereien an Holztüren und Fensterrahmen, mit ihren Laubengängen und Torbögen erinnern an die der Slowakei und Ungarns. Eine breite Dorfstraße führt zum Gestüt. Auf dem Wege begegne ich den ersten Lipizzanergespannen: Bauern mit weißem Leinenhemd und dunklem Hut kommen mit ihren Pferden von der Feldarbeit in der Mittagszeit nach Hause. Am Gestütseingang, einem Portal mit schmiedeeisernem Tor, begrenzt von zwei massiven Pfeilern, ist eine Tafel angebracht: Herghelia, Sîmbăta de Jos-Făgăraş.

Das Gestüt untersteht der Zentralstelle für Pferdezucht und Zuchtprüfung beim Landwirtschaftsministerium der SR Rumänien C. R. C. C. C. R., Centrul Republican de Cresterea şi Calificacera Cailor de Rasa. Bis zum Jahre 1974 wurden hier auch Angloaraber gezüchtet. Heute gibt es nur noch Lipizzaner, etwa 600.

Sîmbăta de Jos ist weiträumig angelegt und bietet mit seinen ausgedehnten Ställen und Nebengebäuden diesem größten aller Lipizzanergestüte ausreichend Platz. Im Kastell sind die Verwaltungsräume untergebracht. Ein Flügel wird für Aufenthalts- und Versammlungsräume, Gästezimmer und Schlafsäle genutzt. Kastanien mit breiten Kronen und hohe Fichten umrahmen das Gebäude. An ihm vorbei führt der Weg zum Hengststall, einem etwa 200 m langen, schneeweiß getünchten Gebäude. In der ersten Abteilung stehen in Boxen die acht Hauptbeschäler

Rückkehr der Pepinièrhengste vom morgendlichen Training. Der fast 200 m lange Hengststall ist eines der ältesten Gebäude von Sîmbăta de Jos

Das Fohlen sucht Schutz bei der Mutter

Gähnen – daran zu erkennen, daß das Gebiß dabei stets offen ist

des Gestütes. In den übrigen Stallabteilungen mit Ständen und Flankierbäumen sind 54 Junghengste untergebracht, in der Mehrzahl Blauschimmel und Schimmel, nur ein Rappe und drei Braune. Es schließen sich die Wirtschaftsgebäude an, Schmiede, Werkstatt, Stellmacherei, Sattlerei, Schrotmühle, ein massiver dreistöckiger Speicher, dann Ausläufe, Reit- und Longierplätze, Geräteschuppen, Kutschwagenremisen, Trockenräume, weitere Stallungen für Junghengste, Jungstuten und Arbeitspferde. Eine geräumige Reithalle mit runden bzw. halbkreisförmigen Fenstern und einem Dach aus farbigem Kunststoff, das dem Innern der Halle ein gedämpftes grünes Licht gibt, ergänzt die Vielzahl der Gebäude, deren Alter zum Teil weit mehr als 100 Jahre beträgt. Mehrere Ziehbrunnen, einzelne Baumgruppen, eine Pappel- und Lindenallee, weiß getünchte Holzgitter runden das gepflegte harmonische Bild dieses großzügig angelegten Komplexes ab. Ausläufe, Feldscheunen und Heumieten schließen sich an.

Ein Morgen im Gestüt

Ich wohne in dem alten Schloßgebäude im ersten Stockwerk. Um halb sechs Uhr wache ich auf, Tauben gurren, Dohlen schreien in den Nebelmorgen. Er verspricht gutes Wetter. Das Storchennest auf dem Schornstein des Kastells ist besetzt mit Jungtieren. Hier scheint das Land der Störche zu sein. 100 fliegende Störche am Himmel sind keine Seltenheit. Das Wiehern der Hengste klingt vom nahen Stall herüber. Durch das offene Fenster dringt frischer Stalldunst

Der aufmerksame Favory XXVI

Halt vor dem Stall! Aufmerksam wird die Umgebung überprüft

Simbăta de Jos mit Făgăraș-Massiv. Täglicher Weidegang ist eine der wichtigsten Voraussetzungen für die Pferdehaltung. Dabei geht es nicht nur um die Futteraufnahme, sondern vor allem um die Bewegung in frischer Luft

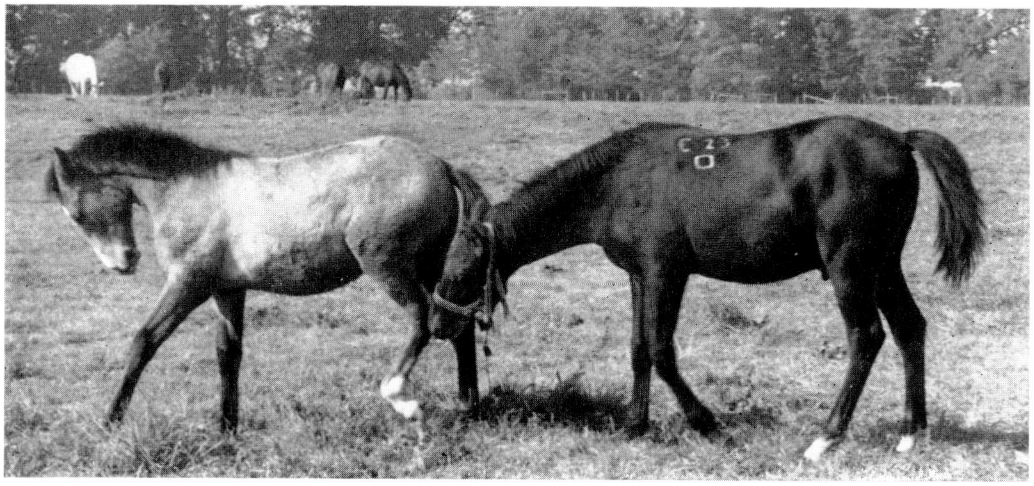

Spielgefährten – Kontakt zwischen Pferdekindern. Hier necken sich zwei halbwüchsige Hengste

herauf. In der Ferne hört man den Fluß Simbăta, der hinter den Stallungen entlangfließt. Er kommt von den Weiden, wo er eine ideale Pferdetränke bietet. Beim Morgenspaziergang sehe ich, daß er jetzt nur schwach mit Wasser gefüllt ist, Stein- und Geröllmassen ragen deutlich hervor. Aber es reicht noch für ein Vollbad, wenn man sich langausgestreckt in das kühle Naß legt. Es reicht auch für das Wäschewaschen der Frauen am Bach. Im kristallklaren Wasser wird die Wäsche blendend weiß.

Im Hengststall ist die Futterzeit vorüber. Einzelne Hengste knabbern das letzte Heu. Auf Anruf kommen sie aus ihrer Laufbox direkt an die Tür. Die obere Hälfte läßt sich öffnen. Ein paar Zuckerstückchen besiegeln die schon am Vortage geschlossene Freundschaft. Das bekannte Geräusch des knirschenden Zuckers macht die Nachbarn aufmerksam. Auch sie warten auf ihren Anteil, der eine mit ungeduldigem Scharren, der andere ruhig und gelassen. Jeder bekommt seinen Leckerbissen.

In der Schmiede ist man schon bei der Arbeit. Jungtiere werden ausgeschnitten, die Arbeitspferde beschlagen. Ich äußere den Wunsch, mir ein Brett mit den Originalbrandzeichen zu versehen. Die Bitte wird erfüllt. Weiter geht es zur Stellmacherei, zum Wagenbauer. Der Empfang ist überaus herzlich, die Verständigung nicht immer ganz leicht. »Auf Wiedersehen«, »Dankeschön«, Abschiedsgruß und Antwort des »Riemenmeisters« in der Sattlerei – der Ton macht die Musik.

Der Rundgang durch das Gestütsgelände endet beim Stall der Arbeitspferde. Auch hier sind die Flankierbäume mit Strohseilen umwickelt, gegen Abschürfungen und Verletzungen. Junge übermütige Pferde keilen gelegentlich auch seitlich aus und wollen ihren Rivalen beim Fressen oder beim Werben um die Gunst der Nachbarstute warnen. Ein Strohseil dämpft den Anprall des Schlages.

Die Sprachschwierigkeiten sind gering, wenn man »Siebenbürger Sachsen« trifft. Diese Volksgruppe ist seit 700 Jahren hier seßhaft. Sie kamen aus dem mittel- und niederrheinischen Gebiet und fanden hier eine neue Heimat. In Rumänien haben sie das Recht eigner Schulen und eigner Kultur.

Die Mutterstutenherde

Auf der anderen Seite des Baches Simbăta stehen die beiden langgezogenen Stallungen der Mutterstutenherde mit den neu eingerichteten

Mutterstuten am Bach Sîmbăta. An ihren Köpfen ist ein hohes Maß an Ausgeglichenheit des Zuchtmaterials zu erkennen

Abfohlboxen. Sie bieten ausreichend Platz für 120 Stuten und ihre Fohlen. Hier schließen sich unmittelbar die Wiesen und Koppeln an, so daß die jungen Fohlen schon sehr früh mit ihren Müttern auf die Weide laufen können.

Krippen und Ketten zum Anbinden der Stuten sind an der Längsseite angebracht, die Tränktröge an der Giebelwand. Die Fohlenkrippen mit dem ersten Hafer stehen in der Mitte des Stalles. Lecksteine aus grauweißen Salzkristallen mit von der Zunge ausgehöhlten Rundungen und Dellen, im Zentrum glattgeschliffen wie Marmorschalen, liegen in den Krippen. Sie ergänzen den Mineralstoffbedarf der Tiere.

Morgens um 7.00 Uhr ist Austrieb. In der Mittagshitze suchen die Pferde schattige Plätze am Fluß auf. Mehrmals am Tag zieht die Herde zur Tränke und sucht Kühlung. Bis zum Leib stehen die Tiere im fließenden Wasser. Sie suchen die tiefsten Stellen des Flusses auf und bleiben hier stehen. Unter den Bewegungen ihrer Vorderhufe brodelt und schäumt das Wasser und spritzt weithin bis zu den Nachbartieren.

Zwei Stuten im Wasser fallen durch ihre gestreckte Kopf- und Halshaltung auf, sie flehmen. Dieses Flehmen ist eine besondere Gebärde des Pferdes und darf nicht mit Gähnen verwechselt werden. Beim Gähnen ist der Kopf gehoben, die Oberlippe gerümpft, das Gebiß geöffnet, die Augen sind fast geschlossen, die Lippen von den Zähnen gezogen. Beim Flehmen werden Kopf und Hals nach oben gestreckt, die Pferde stülpen die Oberlippe bei zusammengebissenen Zähnen auf, so daß die Nüstern verschlossen sind. So ist

Während die Pferdemütter ruhig und gelassen grasen, sind die Fohlen, wenn sie erst einmal satt sind, immer zu Spielen aufgelegt

Mutterstute in Simbăta de Jos-Făgăraş

es dem Tier möglich, durch Konzentration bestimmter Stoffe in der Nasen-Rachen-Höhle den wahrgenommenen Geruch genau zu prüfen.

Auch hier in Rumänien dominiert die Schimmelfarbe. Etwa 70 Prozent aller Mutterstuten sind hell, Blauschimmel häufig. Etwa 20 Prozent Braune, 10 Prozent Rappen und wenige Füchse ergänzen die Farbvielfalt des Bestandes. Die Hauptbeschäler, mit Ausnahme des Dunkelfuchses Neapolitano XXI, sind Schimmel. Die Stuten werden im Alter von vier bis fünf Jahren erstmals gedeckt. Bei einer mittleren Fruchtbarkeitsrate von 75 bis 90 Prozent (von 1956 bis 1972 durchschnittlich 82 Prozent) ist eine hohe Fruchtbarkeitsleistung zu erkennen. Die 1950 geborene Stute 15 Favory XXII-6 brachte z. B. in 22 Jahren sechzehn Fohlen zur Welt, in jedem Jahr eines.

Jungstutenherde, Ein- bis Dreijährige gemeinsam auf der Weide. Noch dominiert die dunkle Farbe, in einigen Jahren gleichen die meisten von ihnen ihren weißen Müttern

Unter ihren Nachkommen sind zwei Hauptbeschäler, fünf Deckhengste in der Landeszucht, und fünf Mutterstuten.

Die Hauptbeschäler

Acht Hauptbeschäler, Pepinièrhengste genannt, stehen als Deckhengste zur Verfügung: zwei Conversano, ein Favory, ein Pluto, ein Maestoso, ein Neapolitano, ein Siglavy Capriola, ein Tulipan. Ein Hengst der ursprünglich Siebenbürgischen Incitato-Linie fehlt. Dieser Stamm ist in Făgăraş ausgestorben.

Im Hengststall gibt es eine ständige Stallwache. Sie sorgt Tag und Nacht für Ordnung und Sauberkeit. Abgesetzter Kot wird sofort beseitigt. Morgens um vier Uhr gibt die Stallwache Heu. Um sechs Uhr kommen die Betreuer, tränken, schütten Futter und putzen die Tiere. Um 10.00 Uhr gibt es noch einmal Heu, um 11.30 Uhr Wasser und Hafer, um 16.00 Uhr wieder Heu, um 18.00 Uhr Wasser und Hafer, um 21.00 Uhr Heu. In der Zwischenzeit werden die Hengste mindestens eine Stunde bewegt, longiert oder geritten. In der Erntezeit, wenn alle Kräfte benötigt werden, wird das Training der Tiere auf ein Mindestmaß reduziert.

Ich beobachte die morgendliche Longenarbeit. Nach den ersten übermütigen Sprüngen traben die Hengste gelassen ihre Runden. Conversano XXII beherrscht den schönen Gang seiner Vorfahren am besten. Kopf- und Halshaltung, wehende Mähne und Schweif, das Spiel der Muskeln und Gelenke lassen die Schönheit der Linien und den Adel der Erscheinung deutlich erkennen. Gemessenen Schrittes gehen die Hengste nach dem Training zurück in ihren Stall, werden trocken gerieben, mit Futter und Wasser versorgt.

Die Futterration der Deckhengste: 5 bis 6 kg Hafer, außerhalb der Deckperiode 4 kg, 10 kg Heu, 5 kg Stroh. Die Stuten bekommen 4 kg Hafer und 12 kg Heu. Bis zu 20 Prozent kann die tägliche Haferration durch Mais ersetzt werden. Bei Weidegang werden die Rauhfuttergaben reduziert. Das Gestüt mit seiner landwirtschaftlichen Nutzfläche von insgesamt 750 ha versorgt sich selbst. Jährlich werden allein etwa 2000 t Heu und 1000 t Hafer für die Pferde benötigt.

Die Brandzeichen

Als Gestütsbrand verwendet Simbăta de Jos nach wie vor das F (Făgăraş), allerdings fehlt die Krone. Die letzte Eintragung im Stutbuch

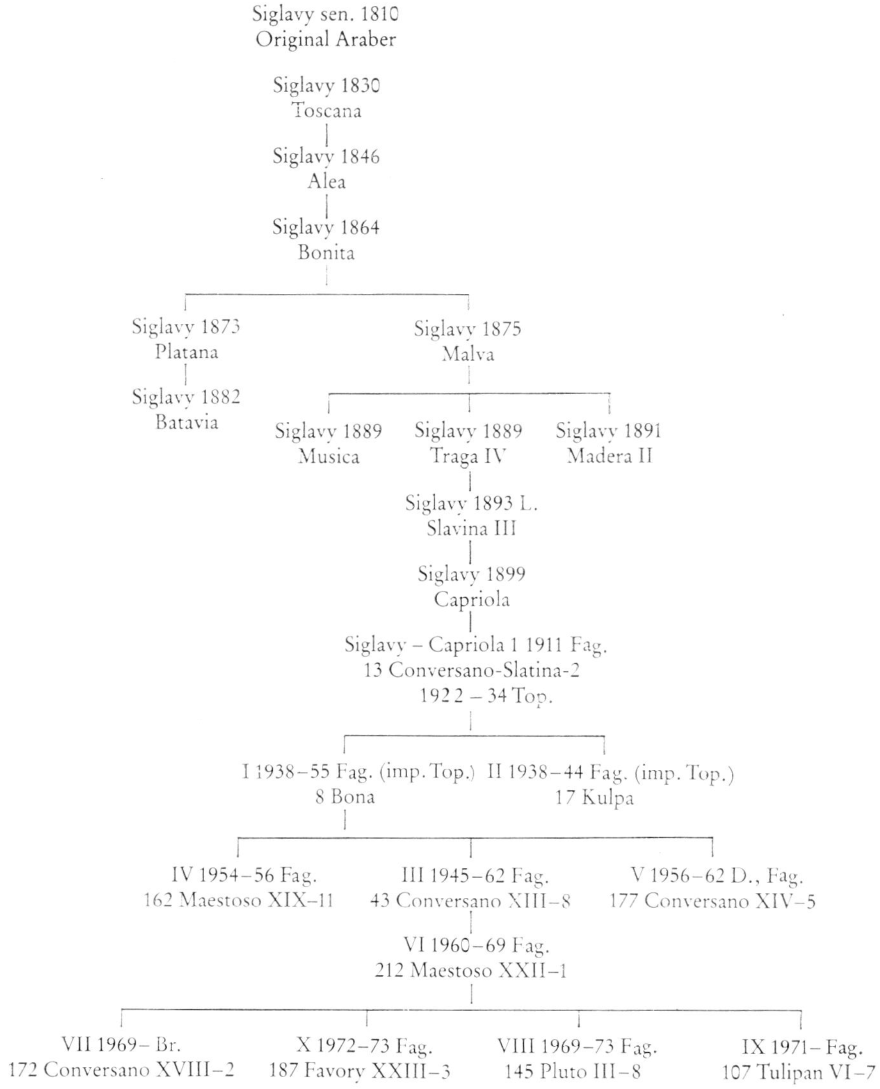

Stammbaum der Siglavy-Linie (L = Lipizza, Fag. = Făgăraş, Top. = Topol'čianky, D. = Dalnic, Br. = Brebeni)

Name	Geburts-jahr	Vater	Mutter	Farbe	Stock-maß cm	Brust-umfang cm	Röhrbein-umfang cm
Conversano XXII	1966	Conversano XVII	187 Favora XXIII-3	Schimmel	155,0	189,0	20,3
Conversano XXIII	1966	Conversano XVIII	169 Maestoso XXVII-1	Schimmel	158,0	188,0	20,5
Favory XXVI	1962	Favory XXIII	291 Pluto III-2	Schimmel	151,0	200,0	20,0
Maestoso XXXI	1964	Maestoso XXVII	15 Favory XXII-6	Schimmel	156,0	194,0	20,0
Neapolitano XXI	1963	Neapolitano XIX	40 Siglavy Capriola I-9	Dunkelfuchs	152,0	186,0	20,5
Pluto IX	1957	Pluto III	15 Favora XXII-6	Schimmel	156,0	192,0	20,0
Siglavy Capriola IX	1967	Siglavy Capriola VI	107 Tulipan VI-7	Schimmel	155,0	193,0	20,5
Tulipan X	1964	Tulipan IX	113 Pluto III-1	Schimmel	153,0	198,0	19,8
Favory XXIX	1968	Favory XXIV	173 Conversano	Schimmel	155,0	190,0	21,0

Hauptbeschäler in Simbăta de Jos 1976

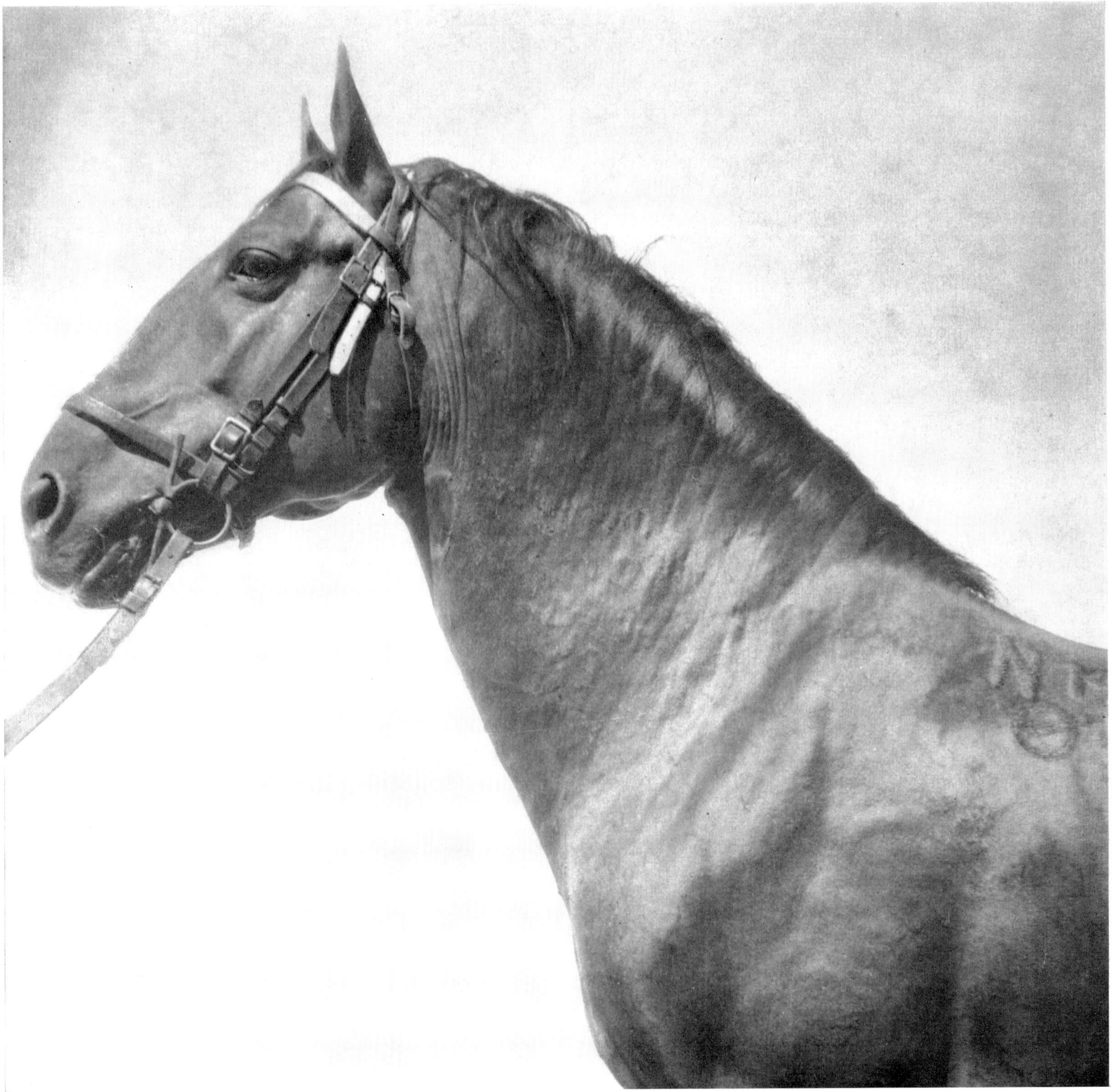

Dunkelfuchs Neapolitano XXI in Simbăta de Jos. Die Brandzeichen lassen deutlich erkennen, daß der Vater Neapolitano XIX ist und die Mutter aus der Siglavy-Linie stammt

In jeder Herde gibt es bestimmte Rangordnungen. An die müssen sich alle Tiere halten. Die Pferdehirten sorgen dafür, daß kein Pferd zurückbleibt oder sich von der Herde absondert

Nach drei Jahren ist das unbeschwerte Fohlendasein beendet. Es folgt die harte Ausbildungszeit in Sîmbăta de Jos, die Leistungsprüfung und je nach Qualifikation die Einordnung in die Mutterstutenherde.

Der Fohlenhof Beclean

10 km von Sîmbăta de Jos entfernt, kurz vor der Stadt Făgăraş, liegt Beclean, der 1936 erbaute Fohlenhof der jungen Hengste. Etwa 1 km seitlich der Hauptstraße erkennt man zwischen dichten Laubbäumen kaum die weiß leuchtenden Stallungen. Erst beim Näherkommen werden Umrisse sichtbar. Zwei Ställe jeweils für etwa 50 Tiere stehen gegenüber, ein dritter schließt sich an. Dazwischen liegen die Ausläufe. Weiß gestrichen sind auch die Holzgatter sowie der in der Mitte in einem kleinen Rondell stehende Ziehbrunnen mit Ketten, Eimer und Kurbel. Inzwischen werden die langen zementierten Wassertröge mit einer elektrisch betriebenen Pumpe gefüllt. Aber notfalls ist der alte Kettenbrunnen immer noch intakt. Auch im Winter bei 20 ° minus werden die Tiere im Freien getränkt und zur Stärkung ihrer Widerstandskraft längere Zeit im Auslauf bewegt.

An den Längsseiten der Ställe befinden sich die Krippen für das Kraftfutter. Die Durchschnittsration beträgt je Tag 3 kg, in der Regel ein Gemisch aus Hafer, Gerste und Mais, teilweise als Schrot gegeben. Reicht das Grünfutter auf der Weide nicht mehr aus, wird Heu zugefüttert.

Unmittelbar an die Stallungen schließen sich die Weiden an, begrenzt von einer für diese Landschaft typische Pappelallee, an deren Ende die Silhouette der Stadt Făgăraş deutlich wird. Im Süden sind auch hier die Gipfel des Făgăraş-Gebirges zu erkennen.

Zwei Herden von etwa 40 Junghengsten, nach Altersgruppen getrennt, grasen auf den Grünflächen. Sie werden jeweils von zwei Hütern zu Pferde überwacht. Zutraulich kommen auch hier die Tiere dem Besucher entgegen. Sie machen das Fotografieren nicht leicht. Im Nu ist man von Pferdeleibern und prüfenden Pferdemäulern umgeben und wird liebevoll umdrängt. Neugierig wird das Auto betrachtet, beschnuppert, 1 PS gegen 50, Natur und Technik stehen sich gegenüber. Solange die Technik die Schönheit der Natur nicht verdrängt, bleibt das Gleichgewicht.

Jungstutenherde in Ucea de Jos. Geräumige Laufställe dienen den Tieren als Unterkunft

Täglicher Aufenthalt auf der Weide und laufen, laufen…, eine wichtige Voraussetzung für Gesundheit, Kraft und Ausdauer

Eintrieb. Die Staubwolken kennzeichnen in der regenarmen Zeit den Weg

Im Sommer bleiben die jungen Hengste den ganzen Tag über auf der Weide. Am Abend wird Kraftfutter zugefüttert. Während des Futterschüttens werden die Tiere angebunden. Jeder Hengst hat seinen Platz mit einer genauen Namenstafel. Beispiele der Beschriftung: Favory XXVI-61, 1972, das ist das 61. Fohlen des Deckhengstes Favory XXVI vom Jahrgang 72 oder: Tulipan X-24, 1972, das 24. Fohlen von Tulipan X. Mit einem Blick auf die Brandzeichen des Junghengstes läßt sich die Richtigkeit dieser Angaben jederzeit kontrollieren.

27 Jahre Tierärztin im Gestüt

Großes Verständnis und große Hilfe habe ich in allen Gestüten stets bei meinen Kollegen gefunden. In Rumänien sind alle Leiter der staatlichen Gestüte Tierärzte. In Sîmbăta de Jos steht dem Direktor für die tierärztliche Betreuung des großen Pferdebestandes eine zweite Fachkraft zur Seite. Frau Dr. Maria Comarovschi, 27 Jahre Tierärztin im Gestüt, ist auf Grund ihrer jahrzehntelangen Erfahrungen in allen züchterischen Belangen kompetent. Nicht umsonst hat sie das Hauptstammbuch des Gestüts selbst geführt. Sie kennt jeden Hengst, jede Stute und gibt bereitwillig Auskunft. So wurde der Hauptbeschäler Maestoso XXVII, geboren in Topoľčianky, von 1956 bis 1968 Vater von 109 Fohlen, darunter 59 Hengsten. Von diesen kamen allein 33 in die Zucht, zwei davon als Pepinièr. Der ebenfalls aus Topoľčianky importierte Siglavy Capriola I steht mit 166 Nachkommen an der Spitze. Der 1953 geborene Favory XXIII, ein Rappe, gilt als »Rekordhalter« von Sîmbăta de Jos. Er hält im 20 km Zeitfahren bei 450 kg Last mit 49 Minuten, 17 Sekunden die Spitzenposition in der Dauerleistung. 19jährig starb er nach einem Unfall beim Decken durch innere Verblutung, Aortariß.

Das Trächtigkeits- und Abfohlergebnis betrug in den 15 Jahren von 1956 bis 1970 im Durchschnitt 81,5 bzw. 79 Prozent. 1963 lag das günstigste Ergebnis vor, 93,5 bzw. 90,7 Prozent. Etwas über 80 Prozent betrug es auch im Durchschnitt der letzten Jahre. Die 22jährige Mutterstute 15 Favory XXII brachte zum Beispiel vom sechsten Lebensjahr an regelmäßig jedes Jahr ein Fohlen zur Welt. Zwillinge werden etwa nur aller fünf bis zehn Jahre einmal geboren. Die guten Fruchtbarkeitsergebnisse wurden ohne besonderes tierärztliches Eingreifen erzielt. Sterilitätsbehandlungen mit Medikamenten waren in all den Jahren nicht erforderlich. Frau Comarovschi erinnert sich an gute und schwere Stunden

Besonders lebhafte und bewegungsbetonte Gruppe Junghengste

ihrer Gestütstätigkeit. 1950 war die infektiöse Anämie ausgebrochen, die ansteckende Blutarmut der Pferde, eine Virusinfektion mit hohen Verlusten. Das waren schwere Zeiten für das Gestüt. Sehr viele Tiere verendeten oder mußten getötet werden, darunter auch der Hengst Conversano XVI. Im Rahmen der strengen Desinfektionsmaßnahmen mußten sogar Sättel und Geschirre der erkrankten Tiere verbrannt werden.

Wir vertiefen uns in alte Ahnentafeln und Tabellen. Alte Generationen und Generationsfolgen entstehen aufs Neue, jeder Name enthält viele Informationen. Die rumänische Maestoso-Linie gliedert sich in zwei Arme. 1955 wurde Maestoso XXVII aus der Tschechoslowakei importiert und ergänzte den aus dem alten Kern

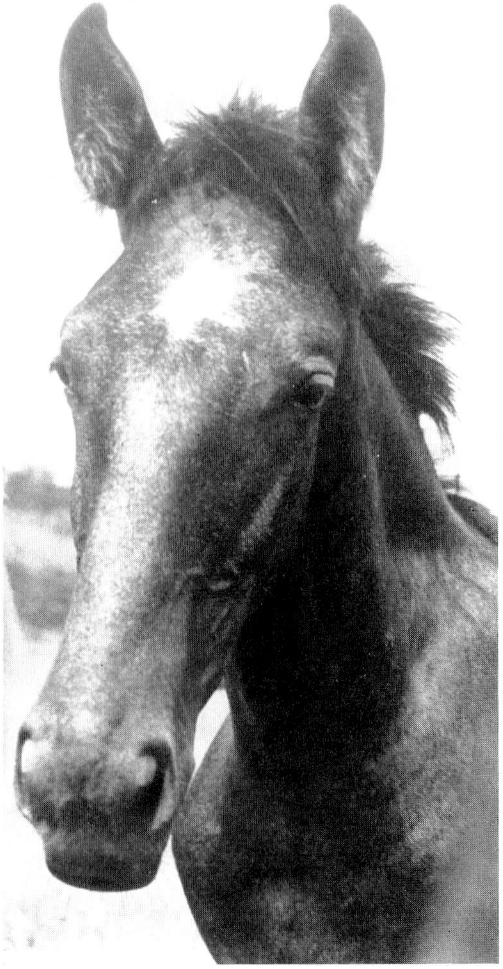

Zurückgekehrt von der Weide: Junghengste vor den Stallungen in Beclean

An der Tränke am Olt, der die Weiden im Norden begrenzt und parallel zum Făgăraș-Gebirge fließt. Je reichlicher und tiefer das Wasser ist, desto waagerechter wird der Kopf gehalten

Fohlenporträt

Junghengste auf der Weide im Vorgelände des Făgăraş-Gebirges

Training in der Rundbahn. Hier finden die jungen Stuten auch während der Wintermonate täglich Gelegenheit zu ausreichender Bewegung

der eigenen Zucht rekonstruierten Zweig. Die alte Pluto-Linie geht auf den 1936 angekauften Hengst Pluto I zurück. 1955 wurde diese Linie doubliert durch einen Vertreter des tschechischen Zweiges. Alle anderen Linien sind aus dem alten Kern des ungarischen Gestüts Făgăraş aufgebaut.

Frau Comarovschi hat mehrere wissenschaftliche Arbeiten über die Lipizzanerzucht in Simbăta de Jos veröffentlicht. Dazu reicht die Zeit trotz des oft anstrengenden Dienstes noch aus. Sachkenntnis und Liebe zu den Tieren bestimmen ihr Tun. Mit einer natürlichen Selbstverständlichkeit erläutert sie die örtlichen Probleme, erklärt spezifische Eigenheiten der hiesigen Lipizzanerzucht, heute und in früheren Jahren, korrigiert falsche Vorstellungen und wirbt um Verständnis für die Belange des rumänischen Lipizzaners. Und dafür ist ihr keine Zeit zu kostbar.

Aus Anlaß des 50jährigen Bestehens des Gestütes verfaßte sie 1971 unter Mitarbeit von G. Dan Virgil eine Festschrift mit exakten Angaben über die Geschichte des Gestüts, über Stand und Bedeutung der Zucht und Zuchtlinien, über vergleichende Darstellung der Entwicklung der Körpermasse in den Jahren 1922 bis 1965 in Simbăta de Jos und anderen Lipizzanerzuchtstätten.

Leistungsprüfungen als Voraussetzung züchterischer Entscheidungen

Die jungen Hengste und Stuten kommen im Alter von dreieinhalb bis vier Jahren zurück zum Hauptgestüt und werden dort im Fahren und Reiten ausgebildet. Die Grundausbildung dauert von November bis Oktober des nächsten Jahres, sie ist für weibliche und männliche Tiere gleich. Begonnen wird mit der Reitausbildung. Für jeweils vier Pferde steht ein Ausbilder zur Verfügung.

Nach einjähriger Ausbildungszeit erfolgt die Leistungsprüfung. Die Zuchtprüfungsordnung für Hengste und Stuten ist gleich. Sie besteht aus zwei einspännigen Fahrprüfungen, deren Bedingungen seit 1966 in den einzelnen Jahren leicht variieren. Im Schritt über eine Distanz von 10 km bei einer Last von 1000 bis 1350 kg werden 7 bis 8,3 km/Stunde gefordert, im Trab über 10 bis 20 km bei einer Last von 450 kg 19 bis 21 km je Stunde.

Auch im gestreckten Galopp ist Harmonie in der Bewegung zu erkennen

Nur Tiere, die diese Anforderungen erfüllen, kommen in die Zucht. Allein 30 Deckhengste benötigt die Landeszucht in jedem Jahr neu. In der Regel kommen die jungen Hengste erst ins Hengstdepot, um sich zu bewähren. Sie können aber auch gleich als Beschäler im Hauptgestüt eingesetzt werden. Ein Wechsel und Austausch vom Gestüt zu den fünf Hengstdepots des Landes mit Lipizzanerhengsten und umgekehrt ist bei Bedarf jederzeit möglich.

Die Körkommission besteht aus sechs Mitgliedern, drei von der zentralen Zuchtstelle in Bukarest, zwei Fachleute des Gestüts und ein Spezialist aus der Bezirksstadt Braşov. Nicht zur Zucht geeignete und überzählige Tiere werden als Arbeits- oder Sportpferde verkauft. Besonders der Export von Pferden zu Sportzwecken sichert dem Gestüt gute Einnahmen.

Das Zuchtziel

Hauptaufgabe der Lipizzanerzucht in Rumänien war ein gutes Gebrauchspferd für die Landwirtschaft. Das gilt noch immer, wenn auch mit gewissen Einschränkungen, bedingt durch die zunehmende Mechanisierung der Landwirtschaft, die ja in den gebirgigen Gegenden langsamer verläuft als in der Ebene. Mit Erfolg war man bemüht, durch langjährige züchterische Selektionsarbeit die Nachteile des rumänischen Lipizzaners, geringe Widerristhöhe und geringe Körpermasse zu beseitigen und einen massiven Typ zu schaffen. Höhe und Masse sind noch heute Kriterien, die den rumänischen Lipizzaner z. T. von dem der anderen Länder abgrenzen. In einem Beitrag zum Studium des im Gestüt Simbăta de Jos-Făgăraş gezüchteten Lipizzanerpferdes wird nach Analyse von über 90 Prozent des gesamten reinrassigen Lipizzaner Zuchtbestandes, 84 Stuten und 112 Hengsten, im Jahre 1953 festgestellt, daß bei einer durchschnittlichen Lebendmasse von 473 kg das rumänische Lipizzanerpferd kleiner und von geringerer Masse ist als der ursprüngliche Lipizzaner, auch kleiner als der in den anderen Gestüten gezüchtete. Seine Fehler: langer Rücken, fehlerhafte Hufe, zu lange Beine, Konstitutionsmängel, geringe Arbeitsleistung. Nach 13jähriger Selektion begünstigt durch härteres Training und intensivere Ernährung konnte ein massiverer Pferdetyp der Lipizzanerrasse geschaffen werden. Der neue Typ des rumänischen Lipizzaners hat eine mittlere Widerristhöhe von etwa 153 cm und eine Lebendmasse von über 500 kg. Er entspricht weitgehend den heutigen Zuchtzielen. Dr. Maicu

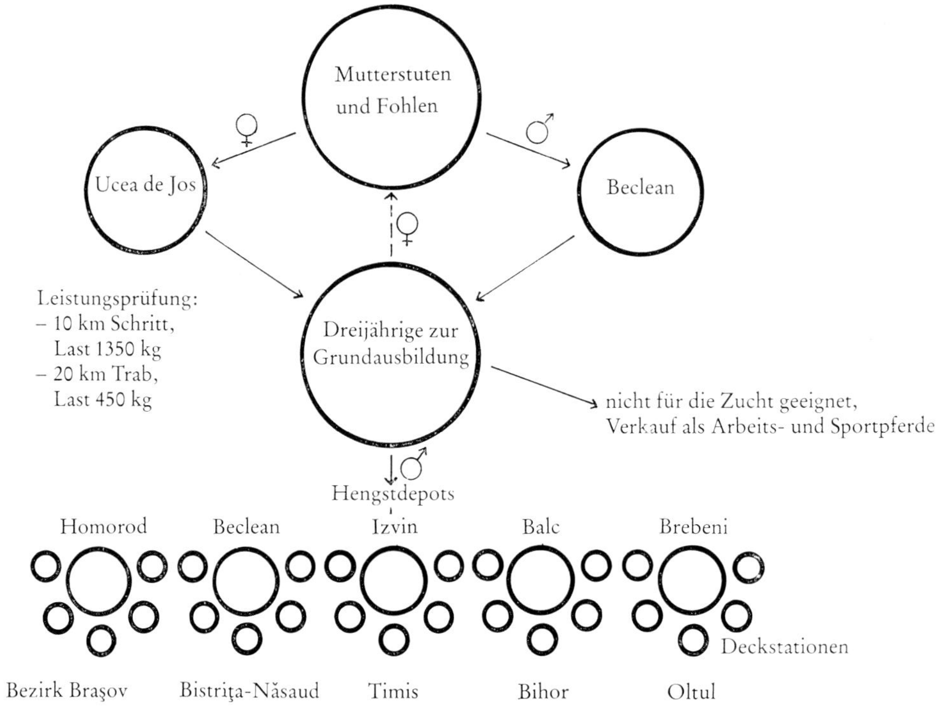

Stuten auf der Weide

Reproduktionszyklus im Gestüt Simbăta de Jos – Făgăraş

Zwei Mutterstuten mit deutlich erkennbaren Brandzeichen. In der uns zugewandten linken Sattellage befinden sich das Zeichen des Vaters und dessen Nummer, darunter das der Mutter. Am Hals ist die laufende Stutenregisternummer zu sehen

hatte kein Vorurteil gegen kleine Tiere. Er vertrat in erster Linie die Gebrauchszucht und damit den Bedarf im landwirtschaftlichen Sektor. Gerade in den Bergen ist die Futtergrundlage nicht so gut. Dort braucht man ein genügsames, widerstandsfähiges Pferd. »Unsere Bauern wollen ein Pferd niedrig und breit, nicht hoch und schmal«. So verwundert es nicht, daß Favory XXVI, ein kleiner, nur 150 cm hoher, aber sehr breiter Hengst, sein Liebling war.

Selektion der Ramsnase

Auffallend ist, daß das typische Merkmal des Lipizzaners, die Ramsnase, kaum noch zu finden ist. 50 Jahre Selektion haben sie nahezu vollständig eliminiert. Das ist nicht nur eine Frage der Schönheit, man ist auch der Ansicht, daß diese Nasenform physiologische Nachteile hat. Bei schwerer Arbeit soll die Luftzufuhr durch die gebogene Nase beeinträchtigt sein. «Wir haben uns sehr viel Mühe gegeben«, wird uns versichert, »daß unsere Pferde diese Konkav- oder Schafskopfnase nicht mehr haben. Vor 20 Jahren waren es noch etwa 20 Prozent der Tiere.« Der Ramskopf, die gebogene Nasenlinie, eine Folgeerscheinung des Einflusses der Renaissance-Periode, ist Geschmackssache, und über Geschmack läßt sich streiten. »Gönnen wir also den Spaniern die Freude an den Ramsköpfen ihrer Andalusier«, schreibt Wrangel in seinem hippologischen Werk über die Rassen des Pferdes. Lassen wir unseren rumänischen Pferdefreunden den Stolz auf ihre Lipizzaner ohne die schön gebogene klassische Ramsnase.

Hengstdepots und ein zweites Lipizzanergestüt

Derzeit stehen über 200 Lipizzanerhengste der Landeszucht zur Verfügung. Das entspricht einem Anteil von fast 20 Prozent der Beschäler der gesamten rumänischen Pferdezucht. Damit

Jahr	Widerrist-höhe cm	Körper-masse kg
1930	149,8	437,5
1935	150,1	460,1
1953	148,8	467,4
1965	153,1	509,0

Entwicklung von Widerristhöhe und Körpermasse von 1930 bis 1956 in Sîmbăta de Jos

nimmt der Lipizzaner unter den Landbeschälern den ersten Platz ein.

Homorod im Bezirk Brașov mit mehr als 100 Deckhengsten der Lipizzanerrasse ist das größte der fünf Hengstdepots des Landes mit Lipizzaneranteil. Beclean im Bezirk Bistrița-Năsăud folgt mit etwa 40 Beschälern. In dem dem Nonius-Gestüt Izvin, Bezirk Timiș, unweit Timișoara, angegliederten Hengstdepot stehen etwa 30 Hengste der Lipizzanerrasse, in Brebeni, Bezirk Olt, 23, in Balc, in Nordrumänien, nahe der ungarischen Grenze, sieben. 1971 waren es dort noch 28. Zu den Hengstdepots gehörten früher jeweils etwa 20 Deckstationen. Heute stehen die Hengste direkt in den Genossenschaften.

Bei einer Rundreise durch diese fünf Hengstdepots konnte 1976 folgender Anteil der Lipizzanerstämme ermittelt werden: Die Maestosos lagen mit 46 Deckhengsten an der Spitze, ihnen folgten die Vertreter der Favory-Linie mit 34 und die der Linie Siglavy Capriola und Pluto mit je 32. Jeweils 26 Deckhengste gehörten den Stämmen Conversano und Neapolitano an. Die Tulipan-Linie war mit 17 Beschälern am geringsten vertreten.

Der Farbanteil der reinen Schimmel lag mit 28 Tieren unter den Erwartungen. Die Blauschimmel dominierten mit mehr als 60 Prozent. Hinzu kamen 31 Braune, sechs Rappen, vier Füchse und neun Vertreter der Farbkombination Deres (Der = Rauhreif, Deres = weiße Haare auf dunkler Grundfarbe), in der Regel Rot- oder Braunschimmel.

Das 1970 neu gegründete zweite Lipizzanergestüt Rumäniens in Brebeni, im Bezirk Olt bei Slatina, etwa 100 km westlich von Bukarest, hat einen Bestand von 40 Zuchtstuten. Ursprünglich war Brebeni ein Hengstdepot mit etwa 25 Lipizzanerdeckhengsten für die Landeszucht. 4 km entfernt wurden hier im leicht bergigen, 200 bis 300 m hoch gelegenen Weideland Stallungen für eine Mutterstutenherde und ihren weiblichen Nachwuchs errichtet. Die Hengstfohlen kommen zum Depot und spätestens mit drei Jahren zum Training nach Simbăta de Jos. Die Fohlen wer-

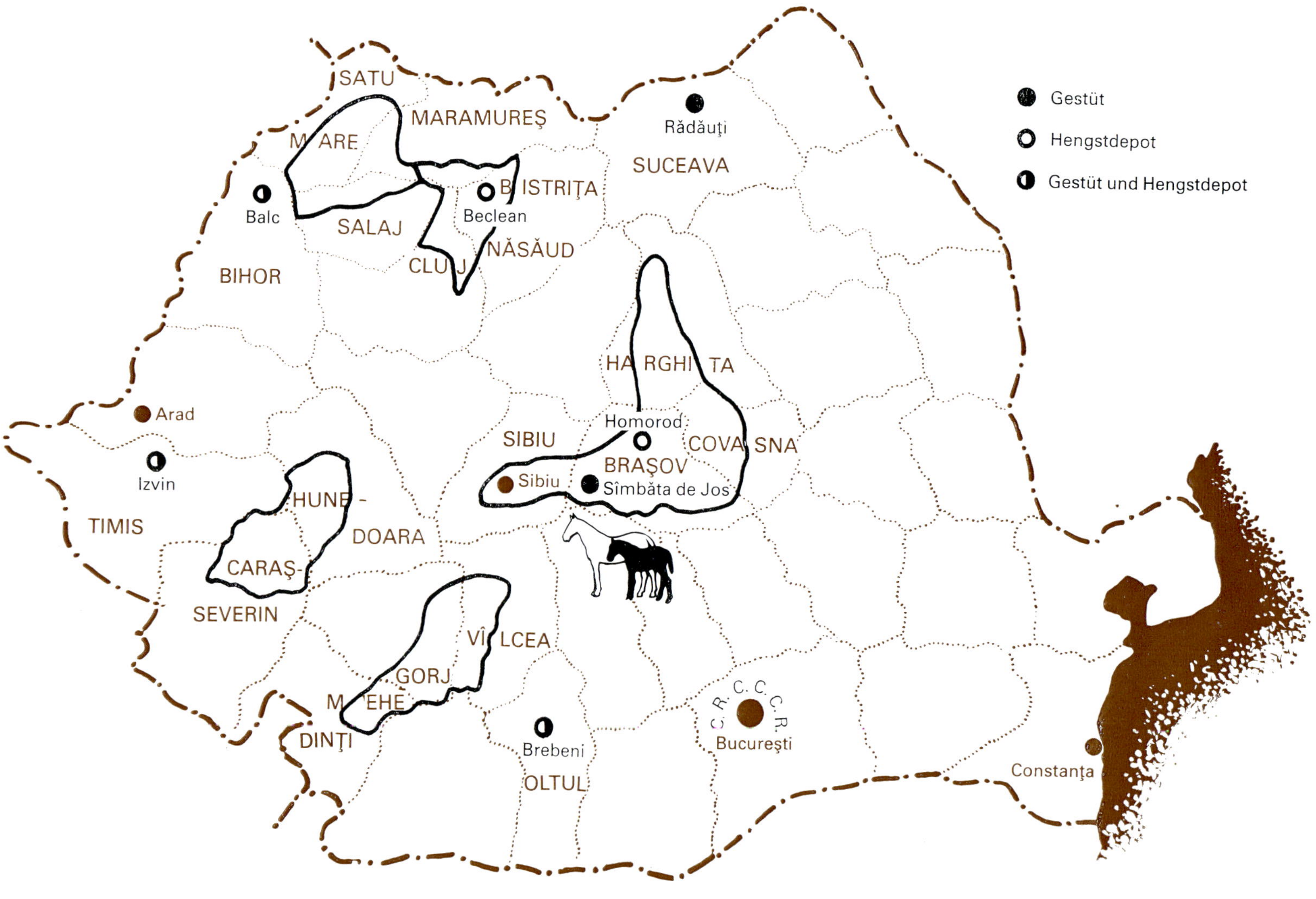

Verbreitungsgebiet des Lipizzaners in Rumänien

den auch hier im Alter von sechs Monaten abgesetzt und gekennzeichnet. Man verwendet dieselben Brandzeichen wie in Sîmbăta de Jos. Nur das F, Făgăraš, wird durch ein B, Brebeni, ersetzt. Gelegentlich sieht man bei einigen Stuten auch ein D. Sie stammen aus dem Gestüt Dalnic, das von 1955 bis 1961 ebenfalls Lipizzaner züchtete.

Von den sechs Hauptbeschälern sind drei braun. Bei der Stutenherde dominiert die helle Farbe. Man trägt sich mit dem Gedanken, in Zukunft alle dunklen Lipizzanerzuchtstuten aus Sîmbăta de Jos nach Brebeni zu verlegen und nach der Farbe zu selektieren. In dem einen Gestüt sollen dann nur weiße, im anderen nur farbige Lipizzaner gezüchtet werden. Nach neuesten Informationen ist das Lipizzanergestüt Brebeni im Jahre 1980 aufgelöst worden.

Die Bedeutung des Lipizzaners für die rumänische Landeszucht

Der Bestand an reinrassigen Lipizzanern wird in Rumänien auf etwa 1200 Tiere geschätzt. Die Hälfte steht im Gestüt Sîmbăta de Jos, der Rest verteilt sich auf Brebeni und die vier Lipizzanerzuchtgebiete Rumäniens. Das ist einmal das Gebiet um Braşov mit den Bezirken Harghita, Covasna, Sibiu mit etwa 70 Prozent Lipizzaneranteil, ein nördliches bis zur ungarischen Grenze reichendes um die Bezirke Bistriţa-Năsăud, Cluj-Napoca, Maramureş, Salaj und Satu-Mare bis zu 45 Prozent und zwei kleine Areale im westlichen bzw. südwestlichen Teil des Landes in den Bezirken Mehedinti, Gorj und Vîlcea zu 20 Prozent bzw. Caraş-Severin und Hunedoara mit 12 Prozent.

Bis zu einer Höhenlage von 600 bis 700 m dominiert der Lipizzaner, in höher gelegenen Gebieten wird er vom Huzulen abgelöst. Neben seiner Verwendung als Ackerpferd im gebirgigen Gelände wird der Lipizzaner bevorzugt als Transportpferd eingesetzt. Der Bestand an Lipizzanerpferden in der Landeszucht beträgt ohne Fohlen schätzungsweise 8000. Diese Zahl beinhaltet alle Tiere vom dritten Lebensjahr an, die zum überwiegenden Anteil Lipizzanerblut (60 bis 70 Prozent) führen. Reinrassige Lipizzaner mit lückenlosem Abstammungsnachweis gibt es nur in den Gestüten. In der Gebrauchszucht fehlt eine genaue Dokumentation, der Besitzer einer Stute hat freie Hengstwahl.

Eine alte Rasse mit neuer Perspektive

Der Lipizzaner hat nach wie vor seinen festen

Gespannt und erwartungsvoll schauen die Jungtiere auf alle Veränderungen, so auch auf den eintreffenden Fremden

Conversano und Favory, zwei Deckhengste aus dem Hengstdepot Homorod. Milchmaul und pigmentlose Augenringe sind typische Merkmale der Favory-Linie

Platz als Arbeitspferd im Gebirge, wo man Maschinen nur schwer oder gar nicht einsetzen kann. Er ist genügsam und widerstandsfähig, nicht wählerisch im Futter, ist leistungsstark und schön. Wenn eine »Gebrauchszucht für Arbeit und Schönheit« als Zuchtziel angegeben wird, so charakterisiert man damit treffend, daß auch der rumänische Lipizzaner Adel und Schönheit mit Widerstandskraft und Leistung vereint. Sollte das Lipizzanerarbeitspferd eines Tages, bedingt durch die weitere Mechanisierung, überflüssig sein, wird dem formschönen und eleganten Kutsch- und Reitpferd immer noch ein Platz bleiben. Im ganzen Land weiß man den Wert des Lipizzaners als Reit- und Kutschpferd zu schätzen. Der Stolz vieler Staatsgüter sind schon heute die rassigen Lipizzanergespanne.

Jungstuten in noch allen Farbschattierungen

Mutterstutenherde in Brebeni. Das zweite Lipizzanergestüt in Rumänien wurde 1970 gegründet

Dynamik der Bewegung – in vollem Trab geht es zur Tränke

Name	Geburts-jahr	Vater	Mutter	Farbe	Stock-maß cm	Brust-umfang cm	Röhrbein-umfang cm
Favory XXVIII	1963	Favory XXV	Pluto III-4	Braun	157,0	195,0	21,0
Maestoso XXXIV	1963	Maestoso XXVIII	Conversano XIV-1	Grausch.	155,0	187,0	21,5
Neapolitano XXIV	1966	Neapolitano XX	Siglavy Capriola III-5	Braun	158,0	190,0	20,0
Pluto XI	1968	Pluto VII	Favory XXV-2	Grausch.	152,0	183,0	21,0
Siglavy Capriola XI	1964	Siglavy Capriola VI	Neapolitano XVII-1	Braun	156,0	196,0	21,0
Tulipan XI	1965	Tulipan IX	Siglavy Capriola I-10	Grausch.	153,0	190,0	21,0

Hauptbeschäler in Brebeni 1976

Das ungarische Lipizzanergestüt in Szilvásvárad

Bedächtig zieht die Herde heimwärts. Im Hintergrund die Berghänge des Bükkgebirges

Über Eger in die Heimat der ungarischen Lipizzaner

Der Weg zu Ungarns Lipizzanern im Bükkgebirge führt von Budapest in nordöstlicher Richtung über Gödöllö, Gyöngyös mit seinem bekannten Obstmarkt, dessen Farbenpracht der bunten folkloristischen Vielfalt seiner Besucher nicht nachsteht, am Fuße der Mátra entlang, dem Zwillingsgebirge des Bükk, nach Eger. Eingebettet zwischen den waldbedeckten Bergen von Mátra und Bükk, umgeben von Weingärten und grünen Hängen, liegt die an historischen Denkmälern reiche Stadt in einem nach der Großen Ungarischen Tiefebene hin offenen Tal. Hier beginnt die Einfallsstraße ins Gebirge.

Der Weg führt vorüber an der Burg von Eger, deren steinerne Reste weit aus der Ferne sichtbar über die Stadt hinausragen. Sie zeugen noch heute von dem heldenhaften Kampf des ungarischen Volkes gegen die Türken im Jahre 1552 unter dem legendären Burghauptmann Istvan Dobó. In den Heeren der Türken befanden sich Pferde edelster orientalischer Abkunft. Das bedeutete Zustrom fremden Blutes für die herkömmlichen Landrassen.

Von Eger nach Szilvásvárad

Ich verlasse Eger in Richtung Norden. In der Ferne tauchen die ersten Höhen des Bükkgebirges auf. Die Weinberge zur Rechten erinnern daran, daß die Hänge um Eger den dunkelroten »Egri Bikavér« liefern, den bekanntesten seiner Weine, den »Erlauer Stierblut«. Kurvenreich windet sich die Straße talaufwärts, von Bahnlinie und Fluß begleitet. Die Hänge zu beiden Seiten sind von gemischten Laubhölzern bedeckt, die Eiche dominiert. An freien Stellen wechselt grauweißes Felsgestein mit rötlich lehmiger Erde. Hell schimmern die kahlen Felsen im Sonnenlicht in fast 100 m Höhe, als sich der Weg am Dorfausgang von Szarvaskö zu einer Felsdurchfahrt verengt. Dann endet das Engtal und läuft aus in eine Hochebene, die nur noch zur Rechten von den Berghängen des Bükk mit seinen charakteristischen hellen, weit ins Land leuchtenden Kalksteinbrüchen begrenzt wird. Getreidefelder, Mais, grasbewachsene Hügel zur Linken, einzelne weidende Kühe, die erste Schafherde, ein Bauerngefährt mit zwei dunklen Lipizzanern – ich nähere mich dem Ziel.

In der Mutterstutenherde von Szilvásvárad dominiert die weiße Farbe

Kontrastreich heben sich die kunstvoll gearbeiten, schwarzen, schmiedeeisernen Umrandungen der Ahnentafeln von den Wänden ab. Blitzsauber ist die Stallgasse gefegt, nicht ein Strohhalm liegt herum. Der diensthabende Pferdewärter sorgt für ständige Sauberkeit in den Boxen. Frisch gefallener Kot wird sofort mit einer Holzschaufel entfernt. Ein geschickter Wächter fängt ihn auf, bevor er in die Streu fällt.

In der Regel ist je ein Vertreter der klassischen Hengststämme des alten Lipizza – Pluto, Conversano, Neapolitano, Maestoso, Favory und Siglavy Capriola – vertreten, seit 1975 auch ein Hengst der hier neu aufgebauten Tulipan-Linie. Der letzte Incitato-Hengst stand als Hauptbeschäler von 1969 bis 1972 in Szilvásvárad. Selbst hier in Ungarn, wo diese Linie noch am zahlreichsten vertreten ist, tritt sie an Bedeutung gegenüber den anderen deutlich zurück.

Fünf bis sechs Hauptbeschäler stehen dem Gestüt in der Deckperiode zur Verfügung. Mindestens zwei bis drei Jahre, aber auch fünf bis sechs Jahre bleiben sie in der Regel im Hengststall des Gestüts. Ein Hengst deckt in der Saison zehn bis zwölf, höchstens fünfzehn Stuten. Die Zuchtwahl trifft der Zuchtleiter, er ist in allen Zuchtfragen der National-Pferdezucht-Direktion in Budapest verantwortlich. Ein Austausch der Hengste erfolgt mit den Landeshengstdepots, in denen ebenfalls hervorragende Vertreter der Lipizzanerrasse stehen. Zur Zeit sind es allein 50 Lipizzanerhengste, 5 Prozent der Deckhengste ganz Ungarns, die der Zucht zur Verfügung stehen. Aber auch internationaler Austausch wird zur Förderung der ungarischen Lipizzanerzucht gepflegt. So stand der jugoslawische Rapphengst Conversano XXII zwei Jahre in Szilvásvárad als Vertreter jener schwarzen Zuchtlinie, die zwar gleichberechtigt neben den Schimmeln bestehen kann, aber von den Silberweißen doch immer etwas in den Hintergrund gedrängt wurde. In der Zahl waren sie ihnen immer unterlegen, kaum mehr als 10 bis 15 Prozent; an Schönheit, wer will da richten? Ein Rapphengst, durchtrainiert und wohlgeformt, das Spiel der Muskeln und Gelenke deutlich sichtbar, das Fell glatt und glänzend, in der Sonne spiegelnd, kann es mit jedem reinweißen Schimmel aufnehmen.

Unmittelbar neben dem Hengststall, in demselben Gebäude, hat die Gestütsverwaltung in drei Ausstellungsräumen ein Museum für die

Das Gebäude der Gestütsverwaltung von Szilvásvárad

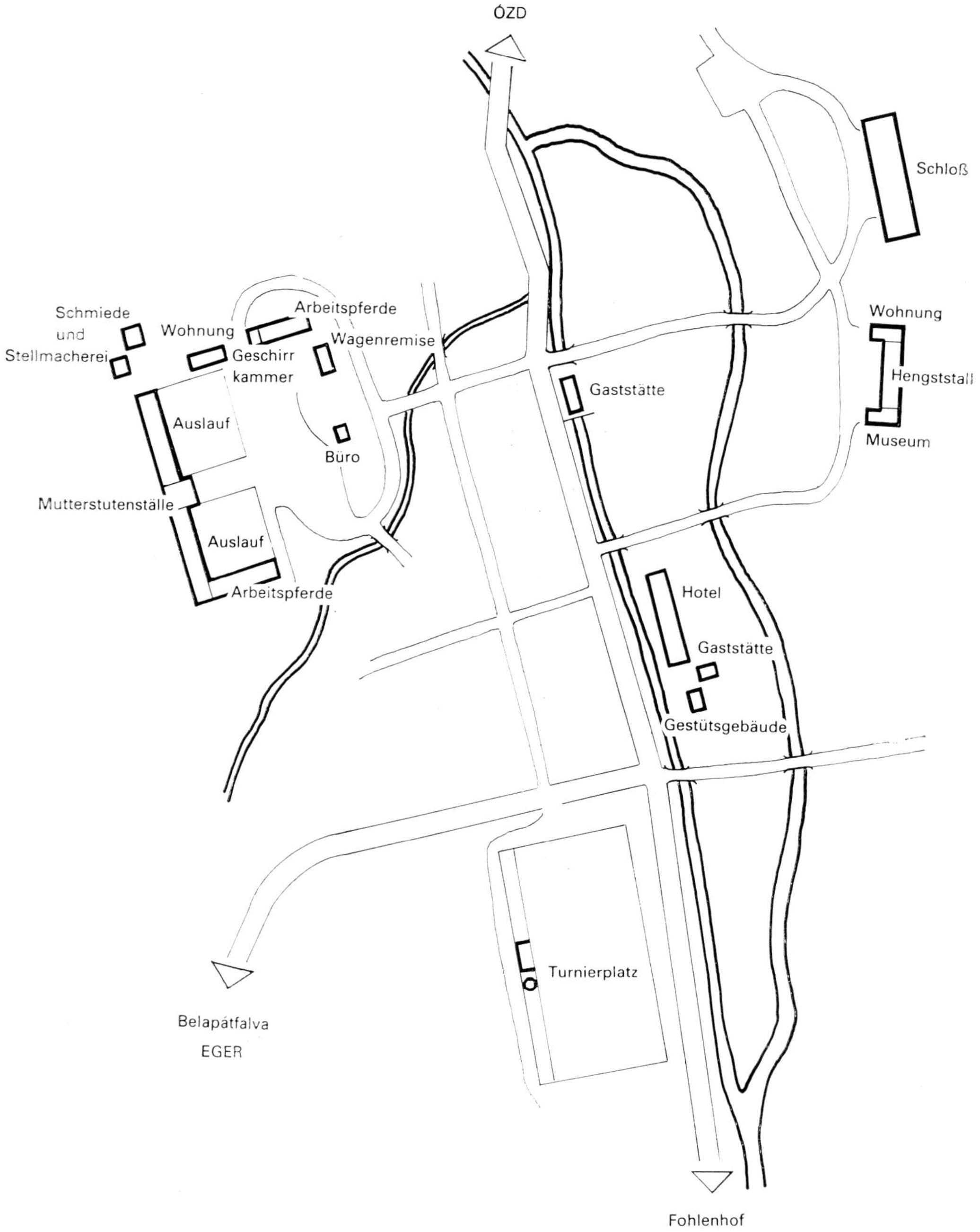

Lageskizze von Szilvásvárad

Name	Geburts-jahr	Vater	Mutter	Farbe	Stock-maß cm	Brust-umfang cm	Röhrbein-umfang cm
Conversano XX	1957	Conversano XVIII	62 Conversano XIII	Schimmel	152,0	188,0	21,0
Conversano XXII	1962	Conversano Pakra	516 Bravissima	Rappe	156,0	189,0	20,0
Favory XXII	1960	Favory XX	527 Neapolitano XIII	Schimmel	161,0	189,0	21,0
Maestoso XXVIII	1959	Maestoso XXVII	15 Favory XVIII	Schimmel	158,0	184,0	20,5
Neapolitano XX	1964	Neapolitano XVIII	568 Conversano XVIII	Schimmel	152,0	186,0	22,0
Pluto XXVII	1969	Pluto XXVI	576 Favory XX	Schimmel	155,0	186,0	21,5
Siglavy Capriola VIII	1968	Siglavy Capriola VII	53 Conversano XVII	Schimmel	159,0	191,0	23,0
Tulipan III	1972	Tulipan I	51 Neapolitano XIX	Rappe	157,0	185,0	21,0

Weiße Mütter mit dunklen Fohlen

Hauptbeschäler in Szilvásvárad 1975 bis 1978

Lipizzaner Stammzucht, Staatsgut Szilvásvárad

Lipizzaner eingerichtet. Es gibt einen guten Überblick über die Entwicklung dieser Rasse und ihre Bedeutung für die ungarische Pferdezucht.

Über dem Hengststall befinden sich einige Gästezimmer des Gestütes. Pferdedunst zieht durchs Fenster. Das Geräusch der Ketten klingt gelegentlich herauf. Nur ungern versäumt der Gast, bevor er die Treppe hinaufsteigt, einen Blick zu den Hengsten zu werfen. Der Stall ist hell erleuchtet, die Pferde ruhen. Nur Pluto liegt, die anderen stehen. Ein Pferd kann sich auf Grund seines anatomischen Baues auch im Stehen völlig entspannen. Der durchgängige Sehnen- und Bandapparat vom Schulter- bzw. Kniegelenk bis zur Fessel fixiert die Extremitäten. Ermüdungserscheinungen durch Beanspruchung der Muskeln werden so ausgeschlossen. Alte Pferde legen sich nur noch selten oder gar

Stallungen mit Auslauf für die Mutterstuten in Szilvásvárad. Am Giebel die Brandzeichen des Gestüts

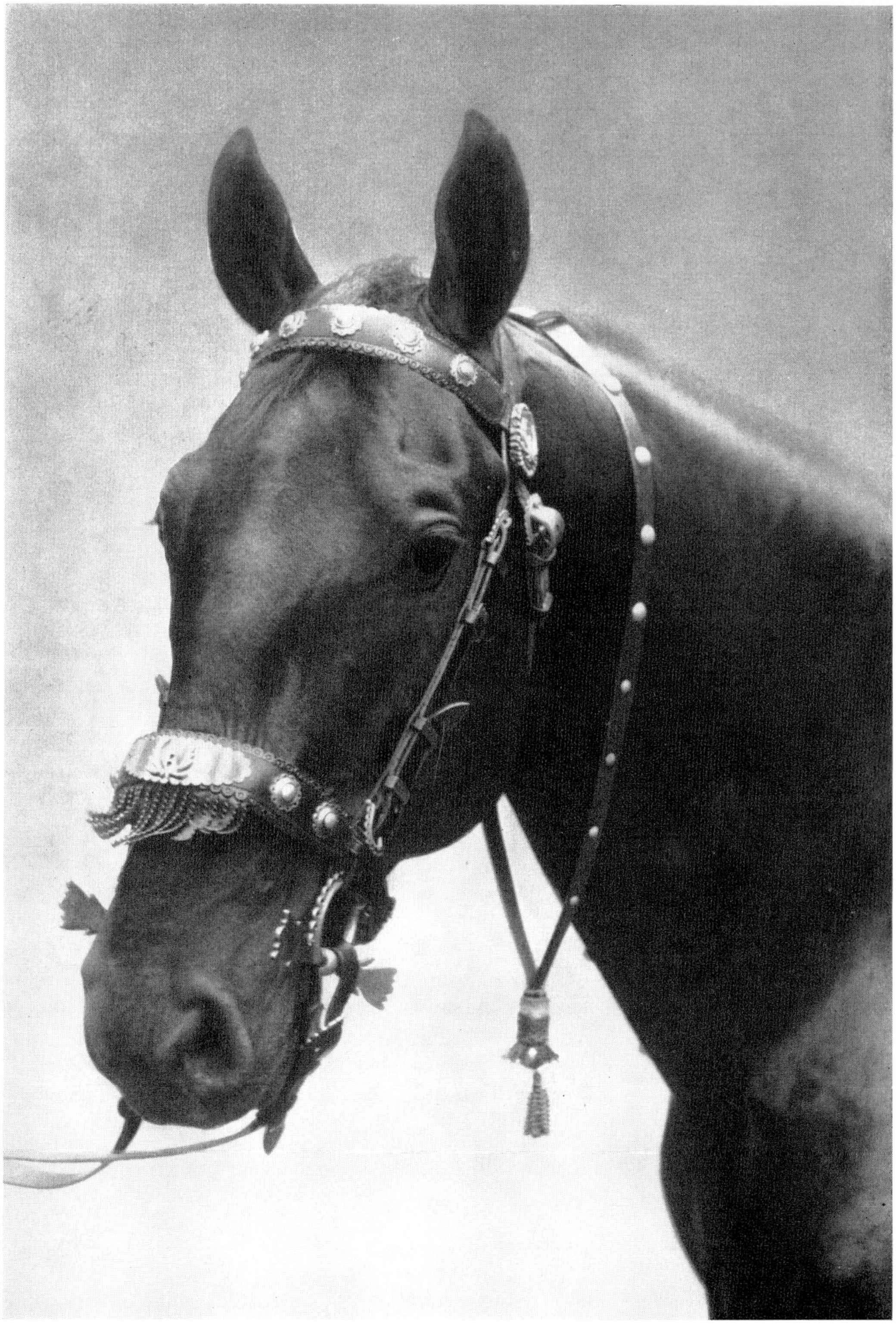

Conversano XXII (in Jugoslawien Conversano Bravissima XI), ein Gast aus Đakovo, mit original Szilvásvárader Zaumzeug

nicht mehr hin, sie befürchten das beschwerliche Aufstehen, schlafen also »im Stehen«.

Die Mutterstutenherde

Die Stallungen der Mutterstuten befinden sich auf dem Wirtschaftshof des Gutes, etwas abseits am Dorfrand. Sie werden durch einen auf der gegenüberliegenden Seite befindlichen Stall der Kutschpferde und Junghengste ergänzt. Wirtschaftsgebäude runden den Gestütshof ab. Von hier können die Herden direkt auf die naheliegenden Weiden getrieben werden. 1954 wurden die beiden Hauptställe gebaut, mit Platz für jeweils 30 Mutterstuten. Auch hier am Giebel das Lipizzanerbrandzeichen: das alte Bábolnaer B mit den beiden seitlichen Geweihstangen des Bükkgebirges. Geräumige Ausläufe für die Mutterstuten mit Fohlen sind den beiden Stallabteilungen vorgelagert. Seitlich schließt sich ein weiterer Stall für 40 Kutsch- und Arbeitspferde an. Hier befinden sich auch die Abfohlboxen, in denen die Stuten mit ihren Neugeborenen etwa bis zur ersten Lebenswoche bleiben. Dann wechseln sie zurück in den Hauptstall, in dem frische Luft und mehr Bewegungsmöglichkeiten die Widerstandskraft der jungen Tiere fördern. Die Fohlensterblichkeit ist sehr gering.

Maximal 30 Stuten, davon zwei Drittel mit Fohlen befinden sich jeweils in einer der beiden Stallabteilungen. Die Krippen sind an den Längsseiten angebracht. Kurz vor dem Haferschütten werden die Pferde für die Zeit des Fütterns angekettet. Getränkt wird im Auslauf, wo ein langer Metalltrog steht. Nachts und im Winter besteht die Möglichkeit zur Wasseraufnahme aus zwei kleinen Trögen an der Giebelwand. Das Heu wurde bis zum Vorjahr in der Mitte auf dem Stallboden lose ausgebreitet und nach dem Kraftfutter gegeben. Dabei ging jedoch wertvolles Futter verloren. Heute häckselt man das Heu etwa 10 cm lang, vermischt es mit Melasse und gibt es angefeuchtet als Krippenfutter. Die Tagesration für die Stuten beträgt 4 kg Hafer und 12 kg Heu, für die Hengste 5 kg Hafer und 16 kg Heu.

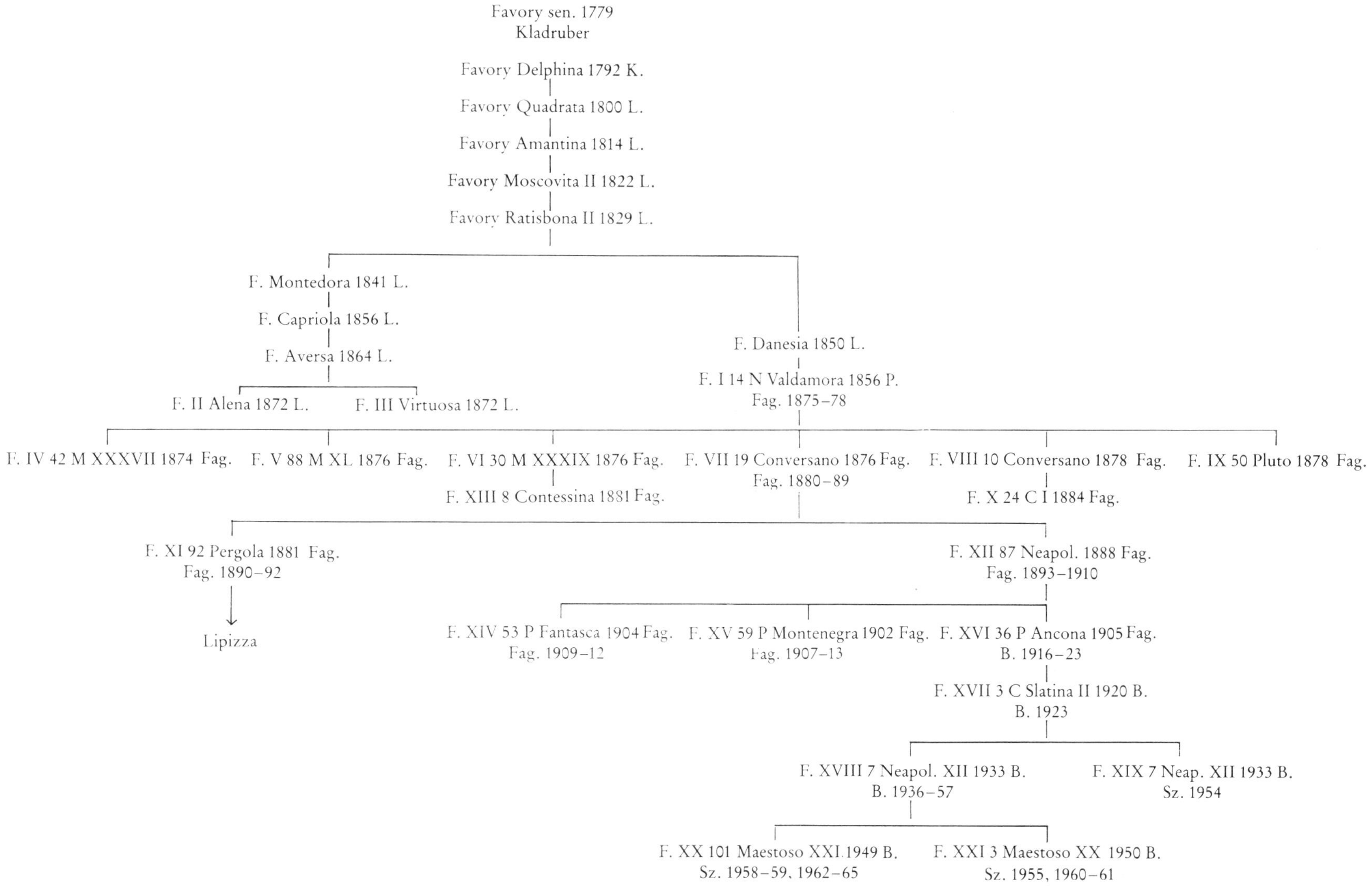

Stammbaum der Favory-Linie (L. = Lipizza, Fag. = Făgăraş, B. = Bábolna)

Der Eingang zum Gestüt von Simbăta de Jos

Gestütstafel am Eingang

Stute mit Fohlen

Morgendlicher Austrieb. Auch Stroh schmeckt!

Seite 81:
Jungstutenherde in Ucea de Jos. Beim Ein- und Austrieb wird die Herde im Hof getränkt, tagsüber stillen die Tiere ihren Durst am nahe gelegenen Olt

Conversano XXII, Hauptbeschäler in Simbăta de Jos beim morgendlichen Training

An der Longe

Zwei Flehmer. Deutlich ist die aufgestülpte Oberlippe bei zusammengebissenen Zähnen zu erkennen

Seite 84:
Neapolitano XXI. Dunkelfuchs, Pepinièrhengst in Simbăta de Jos

Jungstutenherde in den Niederungen des Olt

Herde der drei- bis vierjährigen Stuten in Simbăta de Jos

Mutterstuten mit Fohlen in Szilvásvárad. Die Jungtiere bleiben bis zum sechsten Lebensmonat bei ihren Müttern auf der Weide

Die Stallungen für die Mutterstuten in Sîmbăta de Jos

Seite 87:
Mutterstutenherde von Szilvásvárad im hügeligen Vorgelände des Bükk

Fünferzug und Tandem auf dem neuen Turnierplatz in Szilvásvárad

Lipizzaner Pferde auf dem Deichweg am Olt. Die Tiere wirken der Landschaft zugehörig, ja, durch sie erst scheint das Bild vollständig. Ein Schnappschuß, der sicher auch manchen Maler für ein stimmungsvolles Bild inspirieren könnte

Ungarische Sechseranspannung im Bükk

Pluto XXVII bei der Longenarbeit

Junghengste in Csipkeskút

Lipizzanerhengst in der Passage unter seinem Reiter in traditionsreicher ungarischer Husarenuniform

Jungstuten in Ucea de Jos auf dem Heimweg

Fellknabbern ist nicht nur Spiel, sondern eine Sozialhandlung

Handwerkliche Kunst sogar für Namensschilder

Eine Kollektion Mutterstuten

Seite 92/93
Junghengste auf dem 800 m hoch gelegenen Plateau des Bükkgebirges

Einhorngespann auf dem Turnierplatz in Szilvásvárad

Junghengste im Fohlenhof Csipkeskút. Die Farbabstufung vom hellen Braun zum dunklen Grau läßt deutlich den beginnenden Farbwechsel zum Schimmel erkennen

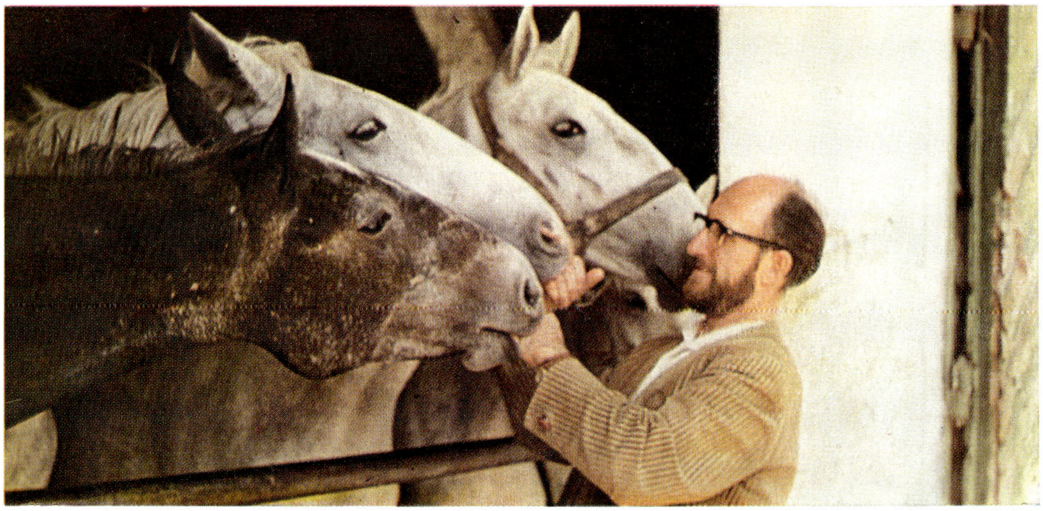

Favory XXII, Hauptbeschäler in Szilásvárad

Junghengst mit der typischen Ramsnase im Fohlenstall in Csipkeskút. In Szilvásvárad gilt sie als erwünscht, zum Lipizzaner dazugehörig

Bauerngespann in Nordungarn. Bereits im Alter von wenigen Wochen begleiten die Fohlen ihre Mütter auf allen Wegen

Zutraulich kommen die jungen Hengste heran, ertasten den Fremden förmlich mit ihren Nüstern und beschnuppern liebevoll die dargebotene Hand

Brandzeichen und handwerkliche Kunst

Ein kurzer Gang über den Wirtschaftshof führt zur Schmiede. Turnier- und Wagenpferde müssen beschlagen werden. Die Hufe der Mutterstuten und Jungtiere werden alle vier bis sechs Wochen nur ausgeschnitten. Hier finde ich auch die Brenneisen für die Fohlen- und Gestütsbrände. In der rechten Sattellage befindet sich der Gestütsbrand, darunter ist das Geburtsjahr mit der letzten Zahl gekennzeichnet. Die 3 kann zum Beispiel sowohl 1963 wie 1973 bedeuten. In der linken Sattellage sind die Abstammungsbrände. Im Gegensatz zu den anderen Gestüten stehen die Brandzeichen von Vater und Mutter nicht untereinander, sondern nebeneinander, darunter zusätzlich noch die Fohlennummer.

Grasende Mutterstuten. Die Tiere treten mit einem Vorderbein vor, erreichen dadurch besser den Boden und rupfen das durch die Lippe und Zunge erfaßte Gras mit den Schneidezähnen

Bei starkem Juckreiz hilft nur Wälzen im Gras. Es ist aber auch ein Ausdruck für Lebensfreude und Wohlbefinden und bei allen Altersgruppen zu finden

Bereitwillig führt man mir Probebrände auf einer Holztafel vor. Die Fohlen werden im Alter von sechs Monaten gebrannt, normalerweise in der zweiten Hälfte August. Der erfahrene Fachmann weiß, wie lange er das glühende Eisen aufsetzen muß, um einmal das Brandzeichen deutlich sichtbar zurückzulassen, zum anderen dem Tier unnötige Schmerzen zu ersparen. Die Erfahrung zeigt, daß es nur ein leichter Eingriff ist, den das Tier kaum spürt. Von Tierquälerei kann nicht gesprochen werden, auch wenn die betreffende Körperstelle örtlich nicht betäubt wird. Die Brandstelle wird mit einem Gemisch von Kalkmilch und Öl betupft, das hemmt die Entzündung. Die Wunden heilen komplikationslos ab.

Neben der Schmiede befindet sich die Werkstatt des Stellmachers und Wagenbauers. Die Kunst des Wagenbaues stand in Ungarn von jeher in hoher Blüte. Hier werden noch in handwerklicher Kleinarbeit Kutschwagen gefertigt, kleine Gefährte, zum Teil handgeschnitzt. Täuschend ähnlich wird dem Holz ein Flechtmuster eingraviert, das sich nach dem Lackieren kaum noch von einem echten Flechtwerk unterscheidet. Auch Räder und Achsen lassen auf den ersten Blick erkennen, daß hier Qualitätsarbeit geleistet wird. Sowohl dem in den äußeren Formen kantigeckigen Eszterházy- oder Cseklészwagen, als auch den abgerundeten, geschwungenen Cziráky- und Károlyiwagen begegnet man überall in Ungarn, nicht nur auf den Turnierplätzen. Die schnellen Jagden in Ungarn mit sicheren zwei-, vier- und mehrspännigen Wagen waren im vorigen Jahrhundert weltberühmt.

Schalanken an ungarischen Geschirren – Meisterwerke ungarischer Geschirrmacherkunst

Diskussion über Zuchtprobleme

Dr. Peter Szabo, Tierarzt des Staatsgutes Szilvásvárad, ein tatkräftiger junger Kollege mit neuen Ideen und Plänen, betreut auch den Bestand des dortigen Lipizzanergestütes. Er ist eigentlich als Geflügeltierarzt hierher gekommen. Szilvásvárad hat 40 000 Hühner. Die ökonomische Grundlage sind Eier, außerdem Schafe, 10 000 an der Zahl. Inzwischen liegen Dr. Szabo die Pferde am meisten am Herzen, und er betreut sie sach- und fachkundig. Die züchterische Anleitung gibt Lajos Szemereny, ein alter Pferdefachmann der Mezöhegyes-Bábolnaer Schule. Die Zuchtpläne werden gemeinsam mit dem Tierarzt und Zuchtleiter festgelegt.

Den Zuchtställen gegenüber befindet sich das Büro des Zuchtleiters mit allen Unterlagen über

Bei der Anspannung auf dem Gestütshof in Szilvásvárad

die letzte Decksaison, Abstammungsnachweise der Mutterstuten, Fohlengeburten, Bedeckungen, angestrebte Paarungen und Körpermaße. Die Durchschnittswerte der Stuten liegen bei 154,4 cm Widerristhöhe, 185,6 cm Brustumfang und 20,2 cm Röhrbeinumfang, die der Deckhengste bei 158 cm, 187 cm und 21,4 cm. Man ist bestrebt, einen kräftigen, hohen Lipizzaner zu züchten.

In Szilvásvárad dominiert in der Mutterstutenherde die Schimmelfarbe. Ungefähr 15 Prozent sind Rappen. Von den Schimmeln sind nur etwa ein Drittel reinweiß, der größte Teil Blau- und Grauschimmel. Die zur Zeit noch relativ häufigen Fliegenschimmel sollen in den nächsten Jahren eliminiert werden.

Ich blättere im Hauptstutbuch. Eine der ältesten Stuten ist noch 1951 in Bábolna geboren, Gestütsnummer 523, von Conversano XVII, ihr Name Bajza, Farbe blaugrau. Zwölf Fohlen hat sie gebracht. Die Eintragung einer anderen guten Mutterstute lautet 509, Favory XVIII, Aloma, geboren 1950.

Ich vermisse die Kennzeichnung nach bekannten Stutenfamilien, wie sie in Lipizza vorherrscht. Hier wird neben der laufenden Gestütsnummer nur der Name des Vaters eingetragen. Dazu wird der »Lieblingsname« gesetzt, willkürlich gewählt. Im Laufe der Jahre haben sich intern im Gestüt allerdings neue Stutenfamilien herausgebildet. So gilt die Aloma-Familie mit ihren zur Zeit vorhandenen drei Mutterstuten als gute Linie. Drei weitere, die Madar-, Szerena- und Vasbaba-Familie sind lobend erwähnt. Ihre »Familiengründungen« beruhen

Stirnschalanke und Scheuklappen mit Gestütszeichen von Szilvásvárad

Mutterstuten mit ihren dunklen Fohlen auf der Weide in der Nähe des Dorfes. Im Vordergrund sind die Longierplätze zu erkennen

Behagliches Wälzen im Gras

mehr oder weniger nur auf Erfahrungswerten und mündlicher Überlieferung. Die Begründerin der Szerena-Linie, die 14 gute Fohlen zur Welt brachte, trägt die jüngste Stammnummer. Sie wurde noch von einem Bauern aufgekauft. Heute stellt man nur noch im Gestüt selbstgezogene Stuten in die Stammherde ein, die im Alter von vier Jahren erstmalig gedeckt werden.

Der Anteil der Pluto-, Favory- und Conversano-Töchter überwiegt mit etwa zwei Drittel aller Zuchtstuten. Obgleich zur Zeit kein Hauptbeschäler des Incitato-Stammes in Szilvásvárad steht, ist diese Linie noch zu über 10 Prozent in der Mutterherde vertreten. In der Landeszucht stehen mehrere gute Incitato-Hengste, so daß jederzeit die Möglichkeit besteht, bei Bedarf, diese Vatertiere anzufordern.

Incitatus war der Name eines Pferdes des römischen Kaisers Caligula. Ein Stall aus Marmor, die Krippe aus Elfenbein, Purpur als Decke und eine Perlenkette um den Hals, das waren die Attribute eines kaiserlichen Lieblingspferdes. Mir wird versichert, ein Incitato des ungarischen Lipizzanerstammes bedarf ihrer nicht. Er verkörpert, ohne jedes Beiwerk, den Adel seiner Rasse. In Ungarn glaubt man fest an den Fortbestand dieser Linie.

Wir diskutieren weiter über Probleme der ungarischen Lipizzanerzucht, unter anderem über die Idee der »Blutauffrischung« durch die Einfuhr altspanischer Hengste. Die Frage ist nur, findet man heute noch einen Andalusier, der sich dafür eignet? Haben sich Reste dieser ausgestorbenen Rasse in vertretbarer Reinheit so erhalten, daß man sie für den geplanten Zuchtzweck nut-

Bei halbwüchsigen Pferden sehen die Fohlenspiele schon ganz anders aus. Hier geht es nicht mehr so zart zu. Hier geht es schon um Überlegene und Unterlegene

zen kann? Bedenken und Einwände, Befürwortung und Ablehnung beleben das Gespräch. Der Kladruber als nächster Verwandter des Lipizzaners mit einem hohen Anteil altspanisch-italienischen Blutes wird ins Gespräch gebracht. Ziel eines solchen Experiments wäre, Fundament und Rahmen zu verbessern. Der Araber ist für diesen Zweck zu fein gebaut und zu klein, der Kladruber sehr stark und zu grob, einen Neapolitaner wird man in ganz Italien nicht mehr finden, so bliebe der Spanier als einzige Variante.

Seit einigen Jahren bemüht man sich, neben den sechs klassischen Lipizzanerhengststämmen die Tulipan-Linie in Ungarn neu aufzubauen. Dabei scheint die aus Kroatien stammende Linie im Gegensatz zur Incitato-Linie, dessen Stammvater im ungarischen Mezöhegyes geboren

In der Schwemme

wurde, für den Außenstehenden keine engeren Beziehungen zur ungarischen Lipizzanerzucht zu haben. In den letzten Jahren wurde ein älterer Tulipan-Hengst aus Făgăraş eingeführt, allerdings ohne positive Zuchtergebnisse. Ihm folgte ein Vertreter dieser Linie aus Jugoslawien. Sein Sohn Tulipan II, ein Blauschimmel, geboren 1971, mütterlicherseits der Favory-Linie entstammend, stand 1975 bis 1976 als Beschäler in Szilvásvárad. Er hat noch nicht die Körpermaße, die Höhe und Breite eines Pluto oder Conversano, er erscheint kleiner, etwas schwächer als seine Nachbarn. Seine Nachzucht wird zeigen, ob diese Zuchtrichtung den Erwartungen der National-Pferdezucht-Direktion in Budapest entspricht. Inzwischen ist Tulipan III an seine Stelle getreten, ein Rappe, kräftig gebaut, ramsnasig. Schon als Junghengst auf den Weiden des Bükk, als er mir vor Jahren das erste Mal begegnete, ließ er erkennen, daß aus ihm ein guter Deckhengst werden könnte. In seinem Exterieur entspricht er weit mehr dem Szilvásvárader Zuchtziel als seine Vorgänger. Die Ramsnase wird nicht negativ beurteilt, sie gehört nach hiesiger Auffassung zum Lipizzaner.

Der Weg zum Fohlenhof

Die Aufzucht der Jungtiere erfolgt auf den 800 bis 900 m hoch gelegenen Weiden des Bükkgebirges. Hier finden die Fohlen Bedingungen, die an ihre Urheimat, den Karst erinnern – rauhes Klima, frische Bergluft, ungeschützte Hänge, felsigen Untergrund, würzige Gebirgskräuter, kristallklares, kaltes Wasser; ideale Voraussetzungen für eine gesunde, harte Aufzucht des Lipizzaners.

Unmittelbar am Ortsausgang versperrt ein Schlagbaum die Weiterfahrt. Die Straße durch das Bükkgebirge von Szilvásvárad nach Lillafüred ist steil und kurvenreich, eng und durch Steinschlag gefährdet. Sie darf nur mit Genehmigung der Forstverwaltung und nach Zahlung einer Straßenbenutzungsgebühr befahren werden. So wird einem starken Autoverkehr begegnet, denn es gilt, dieses Fleckchen Natur mit seinem natürlichen Wildreichtum und seiner reichhaltigen Fauna zu schützen und für die Zukunft zu erhalten.

Mein Weg führt hinauf ins Bükk. In Serpentinen zieht die Straße bergan, steil bewaldete Hänge zur Rechten, einzelne Felspartien freigebend, zur Linken ein Blick auf das weite Land. Vor mir, einige hundert Meter tiefer, liegt Szilvásvárad. Der langgezogene Ort mit seinen Gestütsgebäuden und Stallungen, umgeben von Obstplantagen, Feldern und Weiden, das Schloß und der markante Kuppelbau der Kirche sind deutlich von hier oben zu sehen. In der Ferne begrenzen ansteigende graugrüne Hänge den Horizont. In ihrem Vorfeld läßt das Fernglas die noch friedlich weidende, aber schon langsam heimwärts ziehende Mutterstutenherde deutlich erkennen.

Nach etwa 15 km ansteigender Fahrt rücken die dichtbewaldeten Berghänge auseinander. Grüne Wiesenflächen, mit Büschen und Gesteinsspitzen durchsetzt, begleiten den Weg, das Felstal dehnt und weitet sich vor meinen Augen zu einem Hochplateau von großem landwirtschaftlichen Reiz: Laubbaumgruppen, schattenspendende Eichen und Eiben, prachtvolle Ein-

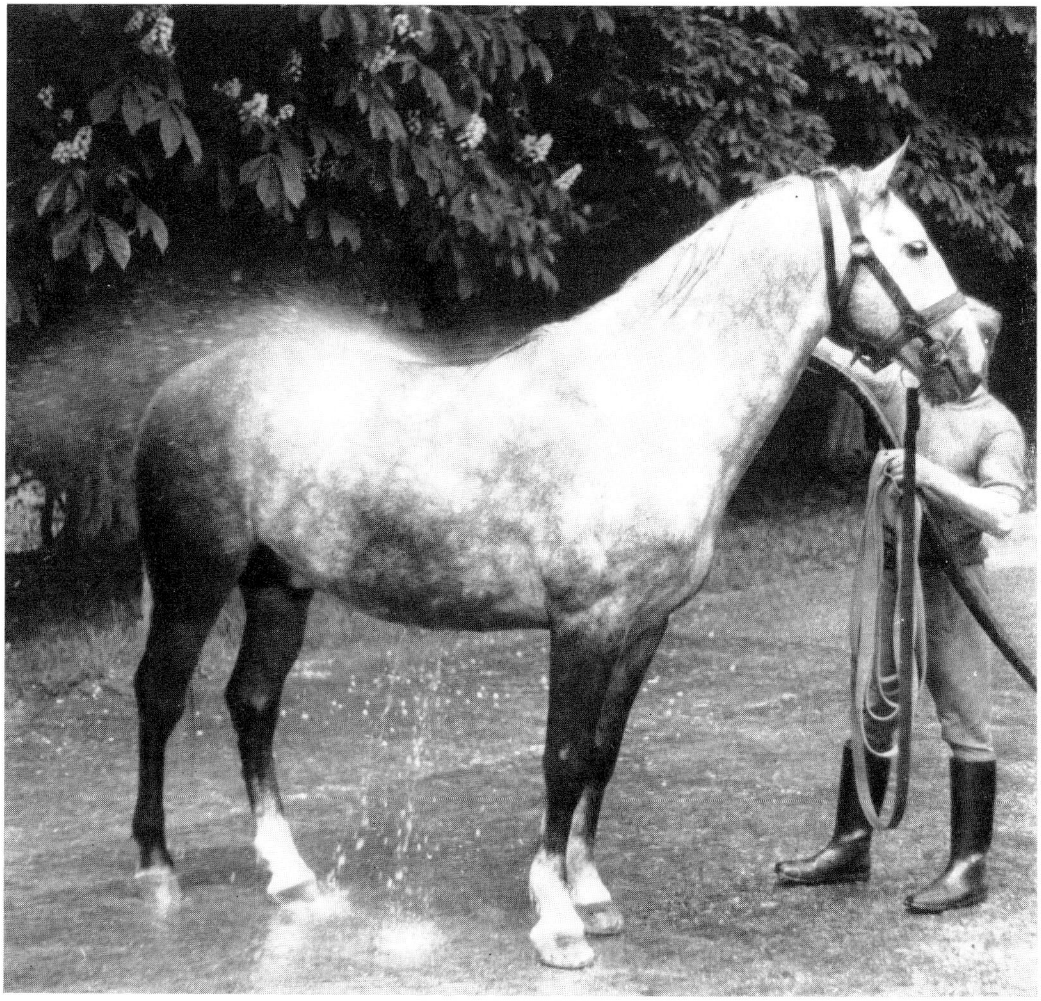

Tulipan II bei der Morgentoilette

Pferdekinder – Biß oder Liebkosung?

Begrüßung über das Gatter. Erste Begegnung mit dem ramsnasigen Tulipan III im Alter von drei Jahren. Neben ihm je ein Pluto- und Conversano-Hengst

Herde in einer Senke im Bükkgebirge

zelexemplare mit breiten gerundeten Kronen, Wacholder in Busch- und Pyramidenform, einzeln und in Gruppen auf den Weiden verteilt, kleine Berghänge und tiefe Mulden, kraterartige an kleine Vulkane erinnernde Vertiefungen, 5 bis 20 m im Durchmesser, blühende gelbe Büsche, lilarot leuchtende, fast 1 m hohe Exemplare der wolligen Kratzdistel neben den sich an den Boden schmiegenden Rosetten der Silberdistel mit ihren hellen Sternblüten, so groß wie eine Kinderhand, eine Lieblingsspeise der Fohlen, würzige Gebirgskräuter, blühender blauer Enzian. Und überall dazwischen, teils nur aus dem Grün hell hervorschimmernd, teils sich emporwölbend zu kleinen steinernen Felsspitzen und rauhen Kuppeln, das grauweiße Kalkgestein.

Erste Begegnung mit den jungen Hengsten

Vom Hauptweg nach Lillafüred biege ich auf der Mitte des Bükkplateaus ab. Ein Wegweiser, Csipkeskút 3 km, weist die Richtung. Die Straße wird uneben, holprig, steinig, Schlaglöcher zwingen zu langsamer Fahrt. Im Seitental, parallel zum Weg, grast die Fohlenherde. Bald bin ich umringt von zutraulichen, neugierigen Tieren in allen Farbschattierungen, von Dunkelgrauen bis Silbergrauen, von Schwarzen und fast Weißen, die Braunen nicht zu vergessen. Das sollen Lipizzaner sein, die Kinder der hellen Mutterstutenherde, der schneeweißen Hengstväter? Man muß wissen, daß das Schimmelfohlen dunkel geboren wird und erst nach Jahren über die Abstufung vom dunklen bis zum hellen Grau das strahlende Weiß der Eltern erreicht. Und man muß wissen, daß es auch dunkle Lipizzaner gibt, Rappen und Braune. Sie führen dasselbe Blut wie ihre weißen Brüder und Schwestern.

Zutraulich kommen die jungen Hengste an den Fremden heran, ohne Scheu. Sie beschnuppern die Hände, die streichelnd ihre Nüstern liebkosen, knabbern am Ellenbogen, drücken ihr Maul an den Körper, schieben, schubsen, drängen. Es ist eine Vertrautheit vom ersten Augenblick an, die überrascht, auch wenn ich weiß, daß jedes Pferd von Geburt an gutmütig ist. Erst eine schlechte Behandlung, falsche Methoden beim Anlernen und bei der Dressur, Grobheit und unnötige Härte verderben oft den sanftmütigsten, friedfertigsten Charakter.

Ein kräftiger Junghengst, silbergrau, mit gespitzten Ohren, großen, offenen Augen ohne Scheu und mit deutlicher Ramsnase, dem unverkennbaren Erbteil seiner neapolitanischen Urahnen, kommt unbekümmert auf mich zu. Zu seinem regelmäßigen Gang und den unregelmäßigen Bewegungen seines Kopfes erklingt das Scheppern der Herdenglocke, die an seinem Halfter befestigt ist. Diese Glocke ist kaum länger als 5 cm, 2 bis 3 cm im Durchmesser. Der Hengst hat sich an die Glocke gewöhnt, die Herde auch. Für den Menschen ist ihr Klang eine Hilfe wenn es gilt, die Herde zusammenzuhalten.

Ich bin ganz eingeschlossen, ganz dicht umgeben und atme mit dem Grasgeruch und der frischen Gebirgsluft den scharfen Dunst der mich umdrängenden Pferdeleiber. Ich spüre knabbernde, kneifende Milchzähne, sammetweiche Pferdemäuler und wehre mich gegen das freundliche Schieben, Stoßen und Drängen. Ruhig und

Zaungäste – gespitzte Ohren, wacher Blick

Blick auf den Fohlenhof Csipkeskút, 900 m hoch im Bükkgebirge gelegen

Fellknabbern als Maßnahme zur Hautpflege. Wo man selbst nicht hinkommt, hilft der Partner

forschend, ein wenig neugierig, werde ich aus tiefen dunklen Pferdeaugen betrachtet. Mit einem Streicheln der sich reckenden Hälse und spielenden Nüstern des einen und einem Klaps auf die Flanke oder Kruppe des anderen verabschiede ich mich von den Junghengsten.

Das Fohlenparadies Csipkeskút

Noch 2 km Fahrt, wir sind am Ziel. Csipkeskút liegt vor uns, der Fohlenhof des Lipizzanergestütes Szilvásvárad, eingebettet in einen Talkessel.

Durch eine Lichtung erkenne ich deutlich die ersten Gebäude: zwei große Ställe, eine Feldscheune, zwei Wohnhäuser für die Menschen, die die Pferde hier oben betreuen und die Gäste, die um der Pferde willen hierherkommen. Sind die Gästezimmer besetzt, so bietet ein schnell aufgeschlagenes Zelt unter den großen Buchen am Koppelrand neben der Quelle eine nicht minder bequeme Schlafstatt. Das Wasser bahnt sich über kleine Barrieren aus hellem Naturstein seinen Weg. Überall im Bükk findet man dieses Kalkgestein in Form von aufragenden Felsbrokken oder kleinen abgesprengten Steinplatten. Der Mensch nutzt dieses natürliche Vorkommen für seine Zwecke. Die anfangs für Kohlenmeiler gehaltenen, mit Buchenholz und Erde bedeckten, künstlich errichteten Halbkugeln entpuppen sich bei näherem Hinsehen als Kalkbrandöfen. Zwei weiße Kuvasz, Ungarische Hirtenhunde, halten am Eingang zum Fohlenhof Wache und melden lautstark die Ankunft jedes Fremden. Von hier überblickt man am besten die umzäunten Ausläufe für die Fohlen. Weiß gestrichen sind die Gatter und Zäune der Weiden, die für Altersgruppen unterteilt sind. Anfangs abfallend in eine tiefe Mulde und aus diesem Kessel weit nach hinten ansteigend bis zum Hochwald, bildet die Hangkoppel einen idealen Auslauf für die Tiere im Frühjahr, Herbst und Winter. In der Mitte der Senke an ihrem tiefsten Punkt steht die kleine Pumpstation zur Versorgung der Pferde mit Trinkwasser. In der warmen Jahreszeit werden hier die Wasserwagen gefüllt für die Fahrt zum 3 km entfernten Sommerstall auf dem brunnenlosen Hochplateau, im Winter trinken die Fohlen aus den gemauerten Trögen direkt am Brunnen. Ein gesunder Auslauf, eiskaltes Gebirgswasser sowie rauhes Klima stählen ihre Widerstandskraft. Ein junger Lipizzaner darf nicht verweichlichen.

In Csipkeskút ist alles aus dem hier vorhandenen Naturstein gebaut – Häuser, Stallungen,

Zwei schmucke Kerle. Aufmerksam betrachten sie alles, was um sie herum geschieht

Pfeiler, Einfriedungsmauern der kleinen Gärten, Pumpstation. Der weiße Kalkstein ist grau verfugt, die Dächer sind mit hell leuchtenden Wellbetonplatten abgedeckt. An den Giebeln der Ställe und Häuser kreuzen sich die Bretter der Seitenverkleidung und schmücken den First in Form stilisierter Pferdeköpfe.

Erinnerungen ...

Meine Gedanken gehen zurück zu dem Tag, an dem ich das erste Mal hier war. Mehr als zehn Jahre sind es her, und doch sind mir noch viele Einzelheiten gegenwärtig. – Eines Abends, es war Juni, stand ein schwarzgrauer Jährling am Auslaufgatter, matt und teilnahmslos, offensichtlich krank, mit hängenden Ohren, den Kopf halb gesenkt. Diagnose: Arterielle Sickerblutung nach Kastration. Der zuständige Veterinär wohnte 45 km entfernt, eine Telefonverbindung dahin gab es noch nicht. Ich erkannte sogleich, daß nur ein sofortiger operativer Eingriff Rettung bringen konnte. Kalziuminjektionen, mit der die junge Medizinstudentin, die hier ihre Reitferien verlebte, zu helfen versuchte, konnten wohl den Flüssigkeitsverlust vorübergehend ausgleichen, die Blutung aber nicht zum Stehen bringen. Kurze Beratung, die nötigen Anweisungen wurden gegeben, in zehn Minuten war alles bereit. Das Pferd wurde fachmännisch vom Leiter des Fohlenhofes niedergeschnürt, eine Ligatur um den noch immer blutenden Samenstrangstumpf gelegt, die Wunde versorgt. Die Blutung stand. Der ganze Fohlenhof atmete auf. Mit dankbarem Händedruck wurde ich von meinen Freunden verabschiedet.

Drei Jahre später trifft das Foto eines Siegers vom Kecskeméter Turnier ein. Es zeigt einen schönen Lipizzaner aus Szilvásvárad. Keine Spur mehr von dem kranken Jährling, dem ich das Leben retten konnte.

Auch diesmal stehen zwei Patienten mit Wunden im Stall, die tierärtztlich versorgt werden müssen. Der kleine Maestoso hat sich beim Tollen im Wald einen Ast unter die Haut der Rippenwand gejagt. Der Ast wurde herausgezogen, die Wunde versorgt. Trotzdem hat sich in der Tiefe eine Fistel mit einem Eiterherd gebildet, die einen kleinen operativen Eingriff erforderlich macht. Sondierung – Gegenöffnung – Drainage – Penizillinspray – in zehn Minuten ist alles vorüber. Etwas schmerzhaft war es natürlich – sogar für beide Teile, denn einen freundlichen Tritt auf den mit schwachem Schuhwerk fast ungeschützten Fuß des Tierarztes gab es dazu.

Fünfjähriger Lipizzanerhengst in Csipkeskút

Junghengste im Bükk – ein Andalusier des 20. Jahrhunderts

Die beiden kranken Jährlinge, vorübergehend von der Junghengstherde abgesondert, befinden sich mit im Stall der Arbeitspferde. Hier stehen zwei Söhne des XXVI. Pluto, zwei Schimmelhengste von drei und vier Jahren, die zur Zeit als Kutschpferde von erfahrener Hand eingefahren werden. Die vier Plätze auf der Gegenseite sind belegt mit vier Grauschimmelstuten, die für die täglich anfallende Arbeit vorgesehen sind. Drei Kühe, zwei frei herumlaufende Sauen, schwarz-weiß gefleckt, ein paar Hühner, Tauben, zwei Katzen, ein kurzbeiniger braunweißer Bastardrüde, Botschko mit Namen, und die beiden Kuvasz vervollständigen den »Tierpark« von Csipkeskút.

Ein Morgen im Fohlenhof

4.30 Uhr am nächsten Morgen: Hähne krähen, Hunde bellen, erstes Vogelzwitschern, das Dämmern des Morgens wird klarer. Morgendlicher Spaziergang durch taufrisches Gras, ich atme tief die würzige Luft. Gegen 5.30 Uhr steigt die Sonne über den Waldrand.

Eine große Ruhe ist hier oben. Das »Summen der Bienen« wird zwar bei näherer Prüfung zu dem so ähnlichen Summton des kleinen Transformators am Koppelrand, aber das Zirpen der Grillen ist echt wie der starke Duft nach Kamille, der vom Waldrand herüberzieht. Glasklares Gebirgswasser, eiskalt, sprudelt als erste morgendliche Erfrischung aus der nahen Quelle, deren Becken ebenfalls in weißem Naturkalkstein gefaßt ist. Schwanzwedelnd begrüßt mich der kleine Bastardrüde mit den etwas zu kurz geratenen Beinen am Zelt und bietet seine Begleitung an. Hunderte von Schwalben durchschwirren den Talkessel, segeln in den Morgenhimmel hinein, ruhen aus auf den Leitungen der elektrischen Drähte, 50, 60, 80 an der Zahl, wie aufgereiht auf einer Perlenschnur. Eine weiße Taube durchstößt ihren Schwarm, wird von den kleinen Seglern spielerisch verfolgt, fliegt zum First des Fohlenstalles, blickt gurrend vom Dach, lockt dann aus einem der Taubenschläge über den Ställen den Partner heraus.

Vor der Filmkamera

Im Stall schlägt mir der typische Geruch von Pferdemist entgegen, Ammoniak, vermengt mit dem Duft nach frischem Heu. Der Pfleger ist gerade beim Füttern und Tränken. Die letzten Pferdeäpfel werden noch einmal sorgfältig entfernt. Ich begrüße die Tiere, meine beiden kleinen Patienten vom Vorabend, die Kutsch- und Arbeitspferde. Jeder bekommt ein Stück Zucker. Mit vorgestellten Ohren und flach zur Hand gesenktem Kopf begehren sie mehr.

Es schmeckt!

Weiter durch den weißen Fohlenstall. Frischer Chloramin-Geruch weist darauf hin, daß erst vor kurzem gründlich desinfiziert wurde. Bakterien und Parasiten können nur zu leicht ernste Feinde für die Vierbeiner werden. Das weiß man auch hier zur Genüge und beugt vor.

Der leere Laufstall mit sauberen Krippen an den Längsseiten beherbergt zur Zeit den Wasserwagen für die Versorgung der Tiere auf der Weide und den PKW eines Gastes. Vier Gästezimmer stehen zur Verfügung, so daß es nur immer ein kleiner Kreis von Pferdenarren oder Naturfreunden ist, der sich hier trifft.

Beim Rundgang ein kurzer Blick in den anschließenden Kuhstall. Drei Generationen stehen hier dicht nebeneinander, Mutter Kuh, die gut einjährige Färse und ein Kälbchen von zwei Monaten. Neugierig schauen sie auf.

Weiter geht der Weg, an der Feldscheune vorbei. Die beiden Kuvasz scheinen noch zu schlafen. Lang ausgestreckt liegen sie in einem freien Tass. Aber beim Näherkommen sind sie hellwach und begrüßend bellend den Besucher. Sie geben nicht eher Ruhe, bis sie gestreichelt, gekrault, ein wenig liebkost sind.

Das »Sommerhotel« auf dem Bükkplateau

Im Sommer sind die beiden großen Fohlenställe leer. 3 km entfernt in unmittelbarer Nähe der Weiden, direkt auf dem Bükkplateau gelegen, wurde ein »Sommerhotel« erbaut. Eine Tafel mit zwei schwarzen Pferdesilhouetten am weiß verputzten Giebel dieses Offenstalles zeigt die Jahreszahl des Baues an: 1967. Seither sparen Mensch und Tier den weiten Antriebsweg. Zwei im rechten Winkel zusammenstehende, zum Auslauf hin offene Holzställe können etwa 80 Tiere beherbergen. Die Wasserversorgung erfolgt vom Fohlenhof aus. Jeden Morgen und bei Bedarf auch am Nachmittag wird mit einem Wasserwagen von der Pumpstation des Fohlenhofes Wasser geholt und werden die beiden großen Tröge gefüllt.

Hügel auf und Hügel ab, durch Mulden und Gebüsch, Wacholder und über grauweißes Kalkgestein geht der Lauf

Morgens gegen 7.00 Uhr kommen die Fohlen auf die Weide. Mittags, während der sehr heißen Tagesstunden werden sie in die Ställe zurückgetrieben. Am Spätnachmittag zieht die Herde erneut aus und bleibt dann bis in die Abendstunden draußen.

Ich beobachte die jungen Hengste. Ein bis zwei Jahre sind sie alt, einige von ihnen schon drei. Ein junger Conversano, noch im graubraunen Wechselkleid, tritt immer näher an den Zaun heran und beugt Kopf und Hals weit vor. Ich streiche ihm über den Hals und Kopf und lehne den Arm an das Gatter. Seine Lippen spielen, die Zunge fährt rötlich-feucht hervor. Sie gleitet weich und rauh zugleich über meinen Arm. Der Salzgehalt des Schweißes scheint anregend zu wirken.

Am nächsten Morgen auf der Gebirgsweide: mein junger Freund erkennt mich wieder. Beim Fotografieren ein feuchter Stoß im Nacken – »hier bin ich, kennst du mich nicht?« Auch seine Freunde kommen näher, beschnuppern Apparate, Kleidung, die nackte Haut. Es ist oft nicht einfach, das gesuchte Motiv im Bild festzuhalten, weil sich immer wieder ein Pferdemaul zentimeternah vor die Kamera schiebt.

Die Herde, anfangs kaum zu finden, weidet in einem tiefen Kessel, umrahmt von Wacholderbüschen, den suchenden Blicken fast verdeckt, ein einmaliges Motiv für den Fotofreund. Ich beobachte die etwa 50 Junghengste, wie sie grasend weiterziehen von Mulde zu Mulde, zwischen Fels und Stein, Wacholder und Einzelbäumen, entlang an dem Weg, der nach Szilvásvárad führt. Dann wieder sehe ich sie in jugendlichem Übermut herumtollen, mit gespitzten Ohren einen kleinen Galopp einlegen, plötzlich sichernd stehenbleiben, sich umblickend nach den Gespielen, die ferne Durchgangsstraße mit dem geringen Autoverkehr beobachtend, die Hälse übereinander verschränkt, sich gegenseitig am Widerrist mit den Schneidezähnen beknabbernd, wiehernd gegeneinander anrennen und rücklings bedrängend, aufsteigend im Spiel und Kampf sich mit den Vorderhufen bedrohend. Dann wieder wälzen sie sich unbekümmert im Gras, zweimal, dreimal die schlagenden Hufe in den Himmel gereckt.

Es ist Mittagszeit. Die Herde zieht heim in den schattigen Stall zur Tränke. Ermunternd knallt der Csikós mit seiner langen Peitsche, der Karikás. Der Strom der Leiber setzt sich in Be-

Kämpfende Junghengste. Die beiden erscheinen besonders rauflustig. Es ist zumeist jugendlicher Übermut und kein ernsthafter Kampf, so daß schwere Verletzungen nicht auftreten; zu Hautschrammen kommt es schon

Aufgeschreckt trabt die Herde der Junghengste aus der Senke am Waldrand auf die höher gelegenen Weiden des Bükkplateaus

Am Tränktrog. Einhufer tauchen die Unterlippe und den Rand der Oberlippe bei fast geschlossenem Maulspalt in das Wasser und saugen es vorsichtig an

Gespannte Aufmerksamkeit. Junghengste im Bükk

wegung. Die Pferde laufen über Wiesen und grauweißen Kalkstein, feste Pfade mit Stein und hartem Geröll, hügelauf und hügelab, das stählt die Muskeln und gibt harte, gesunde Hufe.

Mit dem Csikós halte ich ein zweites Frühstück. Auf der ausgebreiteten Pferdedecke werden mir Weißbrot, Speck und Fleisch angeboten. Dazu trinken wir beim Adressenaustausch einen Weinbrand aus der DDR, »Sanssouci« – ohne Sorgen. Hier und in diesem Augenblick gibt es wirklich keine Sorgen.

Tradition und Erbe von Lipizza

Am Abend treffen wir uns zu einem Lichtbildervortrag mit einem kleinen interessierten Zuhörerkreis. Stefan übersetzt, er ist Student der Agrarwissenschaften, beheimatet in Miskolc, der zweitgrößten Stadt Ungarns, am Ostrand des Gebirges gelegen. Er verlebt hier seine Ferien als Csikós im Bükk. Aufmerksam hören mir die Gäste zu. Das Thema: natürlich die Lipizzaner. Wie diese Rasse in Jahrhunderten so erfolgreich herausgezüchtet wurde, welche Urväter es gibt: Andalusier, Neapolitaner, Araber und einheimische Karstpferde, die die heutige Rasse der Lipizzaner beeinflußten. Heute sind sie die Nachkommen zum Teil nicht mehr lebender Rassen.

Vergleicht man sie mit Pferden auf Stichen und Gemälden oder mit Werken der Bildhauer früherer Zeiten, ihren Reiterstandbildern und Pferdeskulpturen, so ist es zumeist der Lipizzaner, der allen diesen Darstellungen am stärksten ähnelt. Er ist der Andalusier und Neapolitaner des 20. Jahrhunderts, herübergerettet aus einer alten in eine neue Zeit. Hier haben die Lipizzaner eine neue Heimat gefunden, angepaßt ihrer alten Umgebung, ihrer Urheimat im jugoslawischen Karst, einem rauhen Klima, das sie nicht verweichlichen läßt, kräftig und widerstandsfähig macht. Und hier haben sich Menschen gefunden, die sie in ihre Obhut nahmen, hegten und pflegten, mit Liebe und züchterischem Weitblick. Tradition und Erbe von Lipizza werden bewahrt.

Zuchtwahl nach Leistungsprüfungen

Die dreijährigen Junghengste und Stuten kommen im Herbst zurück in die Ställe des Hauptgestütes. Sie bringen gute Voraussetzungen mit für die beginnende Trainingsarbeit im Gestüt – kräftige Muskeln und harte, gesunde Hufe. Die täglichen Wege bergauf, bergab auf den Weiden und Hängen des Bükkgebirges, über steinige Pfade und Felsgestein, waren ein gutes Vortraining.

Die Zuchtleistungsprüfung wird vor allem im Fahren durchgeführt, im Dressurreiten werden nur Grundkenntnisse verlangt. Die Fahrprüfung besteht aus drei Abschnitten: Dressur, Marathon und Hindernisfahren. In der Fahrdressur wird das mittelschwere Programm verlangt, bei der Dauerfahrt im Wechsel zweimal 1000 m Schritt unter 9 Minuten und zweimal 4000 m Trab in 15 km je Stunde. Im 800 m-Hindernisfahren im Trab bei je 2 m breiten Toren wird eine Geschwindigkeit von 200 m je Minute gefordert. Nach bestandener Leistungsprüfung werden die besten Jungstuten in die Mutterstutenherde eingereiht, die zukünftigen Deckhengste in das Hengstdepot in Gyöngyös gegeben. Von hier erfolgt der Einsatz als Landbeschäler für die einzelnen Deckstationen. Zur Zeit werden die Hengste noch im Hengstdepot geprüft. In Zukunft soll in Szilvásvárad ein Lipizzanerzentrum entstehen, in dem man alle zukünftigen Deckhengste ausbildet, um sie danach erst in die einzelnen Hengstdepots zu schicken.

Jährlich ersetzt man etwa 10 Prozent der Hengste durch Neuzugänge aus dem Hauptgestüt Szilvásvárad. Die besten, züchterisch wertvollsten Jungshengste gehen nach Überprüfung ihrer Nachzucht (20 bis 30 Fohlen) als Stammhengste zurück nach Szilvásvárad. Die nicht zur Zucht geeigneten bzw. nicht benötigten Dreijährigen werden als Sportpferde verkauft. Exporte sichern der ungarischen Lipizzanerzucht internationales Ansehen. So stammt das Zuchtmaterial des im Jahre 1974 in Schweden gegründeten Lipizzaner-Zuchtverbandes fast ausschließlich aus Ungarn.

Die Bedeutung des Lipizzaners für die ungarische Landeszucht

Vier Jahrzehnte lang wurden Ungarns Lipizzaner nach ihrem Auszug aus Făgăraş im altbekannten Arabergestüt Bábolna erfolgreich gezüchtet. Hier schon begann nach dem ersten Weltkrieg der allmähliche Übergang vom Luxuspferd zum Arbeitspferd. Die verhältnismäßig kleinen Pferde aus dem gebirgigen Vorgelände des Făgăraş-Massivs wurden auf dem günstigen Boden der Bábolna-Pußta schwerer, größer, kräftiger. Noch heute, wo die ungarischen Lipizzaner ihre Heimat in Szilvásvárad haben, zählen sie zu den stärksten ihrer Rasse mit der größten Widerristhöhe. Die Anzahl der reinrassigen Lipizzaner mit lückenlosem Abstammungsnachweis ist in der Landeszucht aber weitgehend zurückgegangen. Die Gebrauchszucht dominiert.

40 bis 50 Lipizzanerhengste stehen im Hengstdepot Gyöngyös und seiner Zweigstelle Parád. Sie werden zum größten Teil im gebirgigen Nordungarn eingesetzt. Der Rest steht der Kreuzungszucht in anderen Teilen des Landes zur Verfügung. Weit über 1000 Mutterstuten der Lipizzanerrasse stehen noch immer im Raum von Mátra und Bükk. Jeder Hengst deckt in der Saison durchschnittlich 25 bis 30 Stuten.

Pferde vor Kutschen und Wagen

Ungarn ist die Hochburg des europäischen Fahrsportes. Seine herausragenden Erfolge in internationalen Vergleichen verdankt das Land nicht zuletzt den Lipizzanern. Die Pflege der alten Fahrsporttraditionen ist eine der Aufgaben des ungarischen Lipizzanergestütes. Gespanne aus Szilvásvárad siegten in Budapest, Aachen, Hamburg und Leipzig. Noch heute ist der Sechserzug in original ungarischer Anspannung eine Attraktion bei internationalen Veranstaltungen. Um die Bedeutung des Gestütes für den ungarischen Fahrsport zu unterstreichen, wurde in den Jahren 1976/77 ein neuer Turnierplatz geschaffen, zu dessen geschmackvoller Ausgestaltung nur Holz in Form von Balken, Stämmen, Stangen und Schindeln verwendet wurde. Sitzbänke, Richterturm, Toreinfahrten und Zuschauertribünen fügen sich harmonisch zu einer Komposition aus Naturholz in die Landschaft ein. Hier kann man beim Training alle bekannten und auch seltenen Anspannungsformen beobachten.

Leithengst mit Herdenglocke

Angefangen vom Einspänner über das Tandem (einer aus England stammenden Anspannungsform, wo schmale Heckenwege auf dem Lande Zweispänner oft nicht zuließen), das Random (drei hintereinander gespannte Pferde vor einem einachsigen Wagen), den Vierer- und Fünferzug bis zur Sechseranspannung.

Bei der ungarischen Sechseranspannung gehen vor den beiden Stangenpferden vier Pferde nebeneinander. Diese Anspannungsform ist zurückzuführen auf ein Verbot des Wiener Kaisers, der durch ein Dekret verkünden ließ, sechsspännig zu fahren – das heißt dreimal zwei Pferde voreinander zu spannen –, sei nur ein Privileg des Herrschers. Das ließ den durch seine verwegenen Fahrten und Ritte bekannten ungarischen Grafen Sándor Moritz nicht ruhen, bis er als Meister ungarischer Fahrkunst und ungarischer Patriot mit dieser Form der „Protestanspannung" die kaiserliche Order umging. Als seine sechs Lipizzaner in der neuen Anspannungsform das erste Mal durch Wien trabten, grüßten die pferdeliebenden Wiener begeistert die sechs Lipizzanerschimmel und ihren meisterlichen Fahrer. Diese ungarische Sechseranspannung ist bis auf den heutigen Tag eine Ausnahmeform geblieben.

Lipizzanergespanne stehen oft in den Siegerlisten der großen nationalen und internationalen Fahrwettbewerbe. Diese Turniere werden als nationale Turniere CN = Concours National, internationale CI und offiziell internationale CIO durchgeführt. Bei letzteren muß die Genehmigung der Internationalen Reiterlichen Vereinigung FEI (Federation Equestre International) vorliegen. Eine CHIO ist ein offizielles internationales Reitturnier (Concourse Hippique), ein CAIO ein offizielles internationales Fahrturnier (Concourse d' Attelage), wie es alle zwei Jahre als europäische Meisterschaft durchgeführt wird.

Erst 1969 wurde der Fahrsport vom Internationalen Pferdesportverband offiziell ins Programm aufgenommen mit einheitlichen Turnierregeln. 1970 fand in Budapest die erste Europameisterschaft, 1972 in Münster (Westfalen) die erste Weltmeisterschaft der Viererzugfahrer statt.

Das ungarische Fahrderby wurde drei Jahre hintereinander vom ungarischen Meisterfahrer Imre Abony jeweils mit einem reinen Lipizzanergespann gewonnen. 1966 waren es zwei Pluto, ein Favory und ein Maestoso; 1967 zwei Favory, ein Neapolitano und ein Conversano;

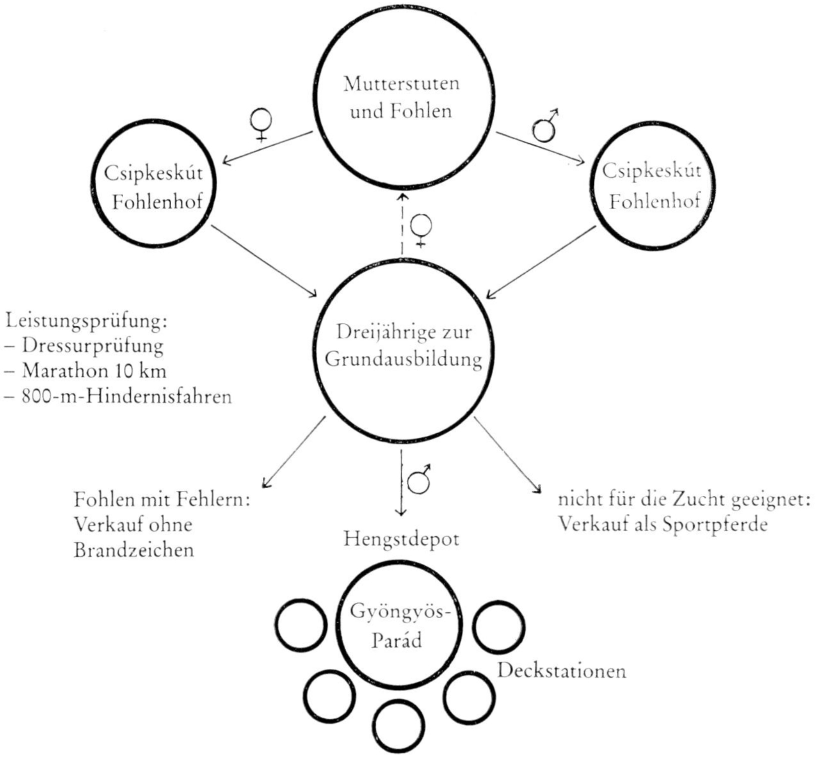

Reproduktionszyklus im Gestüt Szilvásvárad
Fohlen tollen oft hemmungslos herum, sind aber schnell wieder im Schutzbereich der Mutter, wenn etwas Ungewohntes eintritt

1968 zwei Conversano und zwei Favory. Erfolge in der stets erstklassig besetzten internationalen Fahrprüfung in Aachen und im Fahrderby in Hamburg schlossen sich an. In den letzten Jahren dominierten gemischte Gespanne. So steuerte Abony 1975 in Sopot beim Europachampionat sein Lipizzanergespann zusammen mit einem Orlow-Traberhengst zum Sieg. In der Landwirtschaftlichen Produktionsgenossenschaft Kesckemét werden zur Zeit alle Lipizzanerstuten von den zwei Orlow-Traberhengsten Nitschewo und Koncert gedeckt. Das Zuchtziel ist ein gutes, international einsetzbares Kutschpferd. Die größten Hoffnungen setzt man auf die zweite Generation, wo man die Nachkommen beider Hengste miteinander paart. Auch der im Austausch gegen einen Favory-Hengst für zwei Jahre importierte Kladruber Hengst Sacramoso steht seit 1977 in Kesckemét. Von seiner Nachzucht verspricht man sich kräftigere Tiere mit guten Gängen.

Ein Fachmann wie Abony rechnet mit einer Vorbereitungszeit von etwa einem Jahr für einen neuen Viererzug. 10 bis 15 Pferde müssen vorher in der Regel getestet werden – longiert, geritten, gefahren. Trainiert werden die vier Pferde

Blick vom Kutschersitz. Die Mähnen fallen nach außen. Dadurch ist die Sicht für den Fahrer freier, denn Biegung des Halses und Haltung des Pferdes sind besser zu erkennen

Zwei dunkle Lipizzaner, das Siegergespann im Hindernisfahren aus Szilvásvárad beim Donau-Alpen-Pokal 1981 in Kecel

Training in historischer Uniform

und das Ersatzpferd, das für alle Termine mitgemeldet wird, zwei- bis dreimal täglich, insgesamt sechs bis acht Stunden.

Die Mähne eines Kutschpferdes soll jeweils nach außen fallen. Bei der Zusammenstellung eines Gespannes bzw. der Auswechslung eines Pferdes ist gegebenenfalls eine Korrektur erforderlich. Diese ist zu erreichen, indem die Mähne eine zeitlang nach der gewünschten Seite geflochten wird.

Die Liebe zum Lipizzaner ist in ganz Ungarn verbreitet. Auch in Gegenden, wo in der Landeszucht der Lipizzaner keine Rolle spielt, gibt es Bauern, die um jeden Preis ihren reinen Lipizzaner haben. Lipizzanergespanne sind bei großen und kleinen Fahrprüfungen im ganzen Land vertreten. Das gilt auch für die bedeutendste, das Magyar Hajto Derby, das große ungarische Fahrderby in Budapest. Es wird wie alle Prüfungen dieser Art in drei Tagen in der Reihenfolge Dressur, Geländefahrt, Hindernisfahrt absolviert. Die Bedingungen variieren in den einzelnen Jahren. Bei der Geländefahrt wird eine Mindest- und Höchstzeit vorgegeben, Toleranz 2 Minuten. Wer zu schnell bzw. zu langsam fährt, erhält Minuspunkte. In der Schrittprüfung ist nur eine Mindestzeit angegeben, zum Beispiel 1050 m in 9 Minuten.

Im Gegensatz zum Fahrsport ist das Dressurreiten in Ungarn nicht besonders populär. Das ist mit ein Grund dafür, daß die Budapester Spanische Reitschule, in den 30er Jahren neben der Wiener als weitere Heimstatt der klassischen Reitkunst in Ungarn gegründet, nach dem 2. Weltkrieg nicht wieder eröffnet wurde. Die farbenprächtigen Uniformen ehemaliger ungarischer Husaren werden noch heute in Szilvásvárad zu festlichen Anlässen angelegt. Man will hier die Tradition der Reitschule von Budapest fortsetzen.

Das Kutschenmuseum in Parád

Wählt man den landschaftlich reizvollen Weg von Szilvásvárad nach Gyöngyös durch das Mátra-Gebirge, so lohnt ein Besuch des Kutschenmuseums in Parád. Unmittelbar an der Hauptstraße gelegen bietet ein reich verziertes hölzernes Tor, das mit einem von zwei roten Mauersteinpfeilern getragenen Ziegeldach versehen ist, Einlaß in den geräumigen Hof. Der in Rechteckform angelegte Gebäudekomplex des sogenannten »Zierstalles« aus Naturstein und rotem Mauerwerk mit kunstvoll angelegten Balkenmustern und Spitzgiebeln birgt für den Kenner und Laien gleichermaßen eine der interessantesten Sehenswürdigkeiten Ungarns.

In den Seitenflügeln des Gebäudes sind die Beschäler der Deckstation Parád, einer Außenstelle des Hengstdepots Gyöngyös, untergebracht. Auch mehrere Lipizzanerhengste stehen hier in den mit rotem Marmor verkleideten, gewölbten Ställen. In den fünf Ausstellungssälen des Museums, im Quergebäude des ehemaligen Wagenschuppens, bekommt man einen Überblick über die Geschichte und Entwicklung der ungarischen Wagen- und Kutschenherstellung und die hohe Kunst der ungarischen Wagenbauer, Schmiede und Sattler. Ihre zum Teil Jahrhunderte alten Arbeitsgeräte zeugen von großer Tradition. Die im Wagenbau beschäftigten Handwerker wurden Gestellmacher und Wagner genannt. Ein besonders begabter Vertreter seines Faches lebte in der Mitte des 15. Jahrhunderts in dem kleinen ungarischen Dorf Kosc in der Nähe von Tata im Bezirk Komárom. Von hier stammte der 1457 fertiggestellte erste bequeme Reisewagen. Nach diesem Modell wurden in ganz Europa weitere Fahrzeuge gebaut. Sie

Die alte ungarische Tradition der Anspannung hat sich bis auf den heutigen Tag erhalten. Meisterlich gearbeitet sind die Schalanken dieses Gespanns aus Szilvásvárad

Tandemanspannung

wurden als »Kosci« bezeichnet, was soviel wie »die aus Kosc Stammenden« bedeutete. Sie eroberten auf Grund ihrer neuen Perfektion die Straßen Europas. Ihr Name wurde in andere Sprachen übernommen. Das deutsche Wort »Kutsche« und das englische »coach« haben hier ihren Ursprung.

Fast alle Kutschenarten des 19. und 20. Jahrhunderts sind hier im Original oder im Modell zu sehen. Die Sammlung umfaßt einfache Bauern- und Jagdwagen, »Karoly« und »Eszterházy«, bekannte ungarische Wagentypen, Droschken und Fiaker bis hin zu den Prunkkarossen der Fürstenhöfe. Ergänzt wird die Sammlung durch original ungarische, reichverzierte, farbenprächtige Geschirre und Paradeuniformen.

Ungarische Zaumzeuge und Kutschengeschirre sind Beispiele handwerklicher Kunst. Schalanken, ursprünglich zur Abwehr gegen Fliegen und Mücken eingeführt, wurden im Laufe der Zeit kunstvolle lederne Schmuckbänder in feiner Flechtarbeit mit eingelegten bunten Ornamenten aus Stoff. Sie sind charakteristisch für ungarische Geschirre und geben ihnen ein besonderes Gepräge. Sie zieren die Stirn und beide Seiten des Zaumes, sie hängen als Rückenschalanken am Geschirr. Ihre Schnallen, Sterne und Knöpfe aus Messing heben sich deutlich ab vom schwarzen Leder und den bunten Stoffabzeichen, Pillango genannt. An den traditionellen Wappenfarben dieser »Schmetterlinge« ist die Herkunft des Gespannes zu erkennen. Szilvásvárad führt die Farben blau-rot, Bábolna grün-rot.

Anhand von Darstellungen kann sich der Besucher ein Bild über die Entwicklung des Fahrens machen, angefangen von den römischen Wagenrennen bis zum heutigen Trabersulky.

Leichte Jagdwagen, sogenannte Juckerwagen, waren früher weit verbreitet und typisch für Ungarn. Als Juckeranspannung bezeichnete man ein leichtes Sielengeschirr und als Jucker leichte elegante Wagenpferde von ungewöhnlicher Ausdauer. Mit so einem Gefährt wurde die 258 km lange Strecke Wien – Budapest ohne Pferdewechsel mit sechs Pferden in 31 Stunden bewältigt: eine Leistung, der wir selbst in einer Zeit der 100 PS und mehr unsere Bewunderung und Anerkennung nicht versagen können. Aber das ist kein Ausnahmefall für ein Lipizzanergespann des 19. Jahrhunderts. In Graf Wrangels Bericht über die ungarische Pferdezucht und ihre schnellen, ausdauernden Wagenpferde wird von einer Fahrt über 284 km in 28 Stunden berichtet. Auch das zeugt von erstaunlicher Leistungsfähigkeit.

Besuche in den früheren Lipizzaner-Zuchtstätten Mezöhegyes und Bábolna

Mezöhegyes liegt unmittelbar an der rumänischen Grenze im Südosten Ungarns, 25 km nördlich des an der Straße Szeged – Arad gelegenen Grenzüberganges Nădlac. Hier wurde 1785 das größte europäische Gestüt errichtet, das in seiner Blütezeit 4000 bis 5000 Pferde beherbergte. Im Jahre 1809 fanden in Mezöhegyes 289 Pferde des Gestütes Lipizza Zuflucht. Die Unterbringung erfolgte bis zu ihrer Rückkehr im Jahre 1815 auf der Pußta Pecka. Nur ein kleiner Rest der Lipizzaner blieb zurück. Es wurde in Reinzucht weitergezüchtet, so daß 1874 allein 137 Pferde der Lipizzanerrasse, darunter fünf Pepinièrhengste, Mezöhegyes verließen, um in Făgăraş eine neue Heimat zu finden. Seit dieser Zeit werden hier nur noch die vier in Mezöhegyes entstandenen Rassen gezüchtet: Nonius, Furioso, North Star und Gidran. Ihre Entstehung verdanken sie der durchschlagenden Vererbungskraft ihrer vier gleichnamigen Stammväter. Sie haben dem Gestüt und der ungarischen Warmblutzucht ihren Stempel aufgedrückt.

Mezöhegyes hat für die heutige Lipizzanerzucht nur noch historische Bedeutung. Seit mehr als 100 Jahren werden hier keine Lipizzaner mehr gezüchtet. Vergeblich sucht man in den alten Gestütsunterlagen nach Berichten aus den Jahren 1809 bis 1815 und danach. Dennoch lohnt ein Besuch von Mezöhegyes. Der Gestütskomplex ist weiträumig – großzügig angelegte Parkanlagen, schmiedeeiserne Tore, herrliche Alleen

Ungarisches Sechsergespann, eine Protestanspannung des »Pferdeteufels« Graf Šandor. Er umging die Anordnung, daß nur der Kaiser in Wien sechsspännig (2–2–2) fahren dürfe

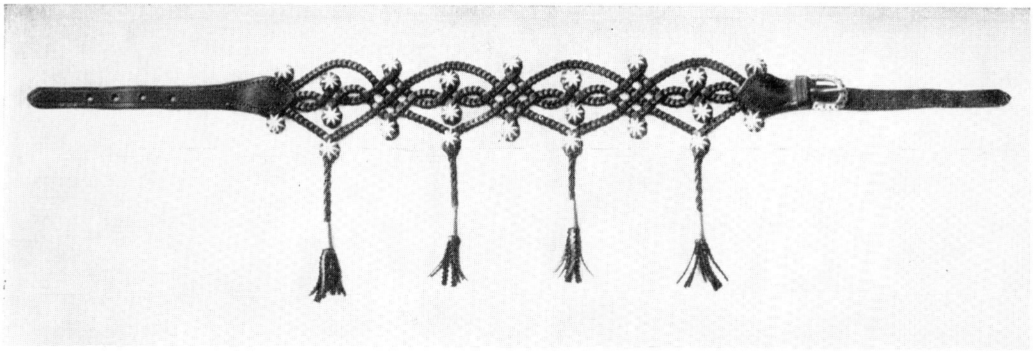

Nierenschalanke mit Metallverzierungen

Kopfschalanken. Ursprünglich zur Abwehr der Fliegen und Mücken bestimmt, heute kunstvoll gefertigte Schmuckbänder aus Leder

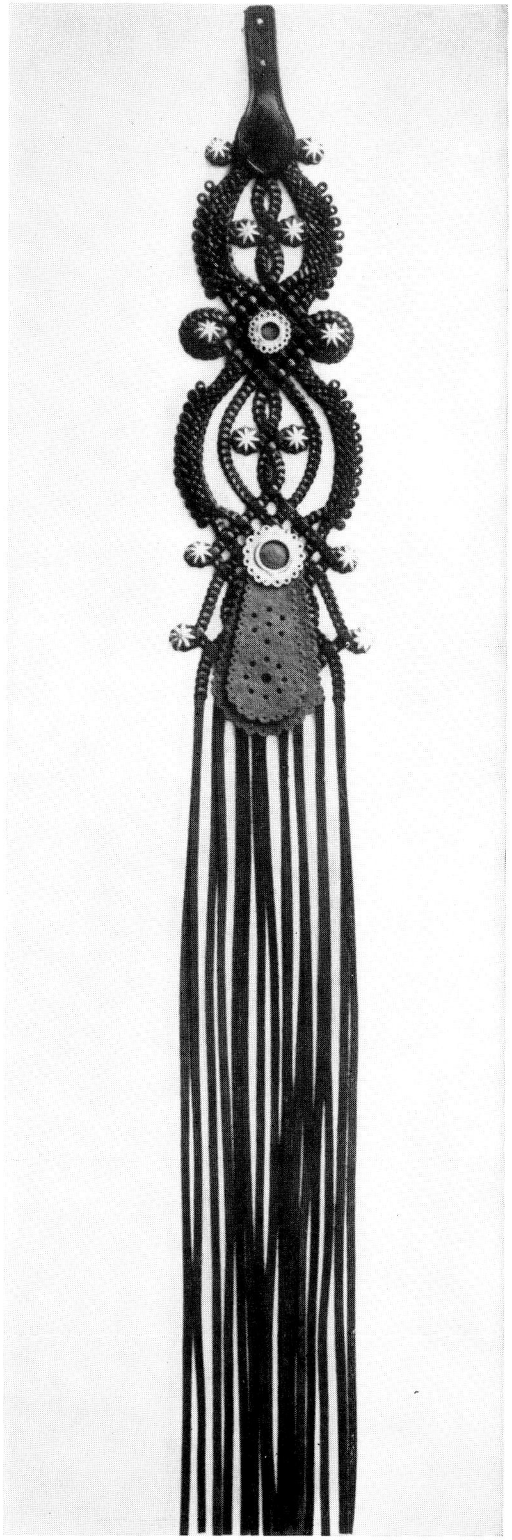

Geflochtene ungarische Schalanke

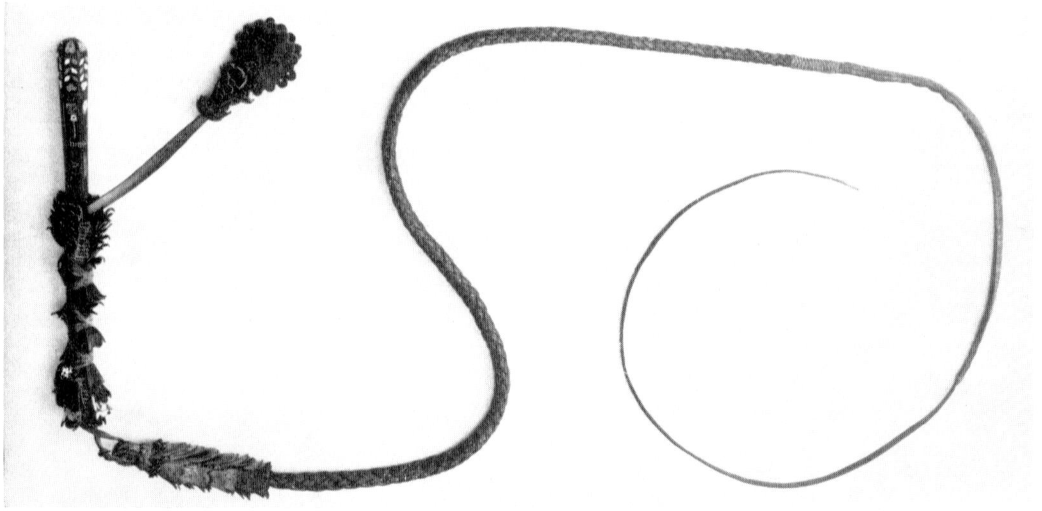

Original ungarische Karikás mit Intarsienmuster, Pußtamotive, Jahreszahl und Name des Csikós. An dem gut 40 cm langen Holzstiel ist die 2 m lange geflochtene Lederschnur durch einen Riemen nur locker befestigt

Viererzug in Gyöngyös, Fahrt zum Turnierplatz

Beim Wechsel der Pferde von der einen auf die andere Seite wird die Richtungskorrektur der Mähne durch vorübergehendes Flechten der Mähnenhaare vorgenommen

Geschnittene, gemusterte Schalanke

mit schattenspendenden Kastanien und alten Lampen, das traditionelle Gelb der Fassaden und Giebel der Gestütsgebäude erinnern an die einstige Bedeutung. Mezöhegyes ist nach wie vor für die ungarische Pferdezucht unentbehrlich.

Das zweite Gestüt mit Lipizzaner-Tradition in Ungarn ist das alte Arabergestüt Bábolna. Hier lebten Ungarns Lipizzaner seit ihrem Auszug aus Făgăraş im Jahre 1912 bis zur Verlegung nach Szilvásvárad im Jahre 1962 zusammen mit ihren Ahnen, den Arabern.

Bábolna wurde 1789 als Zweiggestüt von Mezöhegyes gegründet und entwickelte sich allmählich zum »Mekka der Araberzucht in Europa«, dessen Glanzzeit zwischen den beiden Weltkriegen lag. Immer wieder wurden Originalwüstenaraber importiert. Die Hengste Shagya, Obajan und Koheilan wurden Linienbegründer der gleichnamigen, weit über die Landesgrenze hinaus bekannten Stämme. 1857 gelangte ein größerer Transport arabischer Pferde nach Triest. Zwei Hengste und 16 Stuten wurden für die Zucht in Lipizza ausgewählt, der größere Teil, 14 Hengste und 32 Stuten, kamen nach Bábolna, mit ihnen ein 14jähriger Beduinenjunge, der sich von seinem Pferd nicht trennen wollte. Er blieb

Eingang zum Kutschenmuseum in Parad

Gestütsgebäude von Mezöhegyes, eines der ältesten und seinerzeit größten europäischen Gestüte. Ursprünglich als »Wildgestüt« geführt, wo ganzjährig oder während der Deckzeit ein ausgewählter Hengst der Stutenherde zugeteilt wurde, ging man im Interesse der Konsolidierung der Rasse Mitte des vergangenen Jahrhunderts zum sog. »Zahmen« oder »Handgestüt« über, in dem eine kontrollierte Zuchtverwendung bei gezieltem Einsatz der Deckhengste stattfand

seinen arabischen Pferden treu und wurde später »Gestütskommandant« von Bábolna. Ihm und seinen Einkaufsreisen in den Orient verdankt die europäische Araberzucht sehr viel. So war der 1880 gekaufte Rapphengst Obajan in Bábolna 25 Jahre lang Hauptbeschäler.

Unter einer 200 Jahre alten Akazie im Gestütshof wurde der Hengst begraben. Auf seinem efeuumrankten Grabstein ist nachzulesen, daß er 312 Fohlen zeugte, davon allein 112 Beschäler und 56 Mutterstuten.

Nach der Verlegung des Gestütes Făgăraş nach Bábolna im Jahre 1912 betrug der Lipizzanerbestand insgesamt etwa 100 Tiere. Während des ersten Weltkrieges wurden sie nach Fertöd verlegt, kamen aber 1919 fast ausnahmslos wieder in das alte Gestüt zurück. Die Zucht beruhte auf sieben Hengstlinien: Maestoso und Conversano (braun), Favory, Neapolitano, Pluto, Siglavy Capriola und Incitato (weiß). Die Tulipan-Linie war in den 20er Jahren ausgestorben. Die Nachzucht des 1941 aus dem jugoslawischen Gestüt Karadordevo importierten Schimmelhengstes Tulipan Blanca schlug nicht ein. Auch der 1943 gemachte Versuch, durch einen Rapphengst der Linie Siglavy Capriola die schwarze Farbe einzuführen, scheiterte. Die Lipizzaner in Bábolna blieben weiß, grauweiß und braun.

Lipizzanerhengste des Hengstdepots Gyöngyös in Parad im Zweiergespann

Der Stutenbestand zwischen den beiden Weltkriegen betrug etwa 70 bis 80 Muttertiere. In der Landeszucht gewann der Lipizzaner an Bedeutung. War er vor dem ersten Weltkrieg ein reines Luxuspferd, wechselte seine Verwendung kurz nach dem zweiten Weltkrieg zum reinen Arbeitspferd. In der Periode zwischen den beiden Kriegen diente er beiden Zwecken.

Mehr und mehr Lipizzanerhengste wurden als Landbeschäler eingesetzt, wobei die Gebrauchs- und Kreuzungszucht dominierte. Der Bestand an reinrassigen Lipizzanerstuten war allerdings sehr gering. Jedes Komitat hatte seine eigenen Brandzeichen. Noch heute gibt es im Komáromer Gebiet eine kleine Landeszucht. Die landwirtschaftliche Produktionsgenossenschaft in Bana verfügt allein über 25 bis 30 Mutterstuten.

Ende des zweiten Weltkrieges wurden die Pferde des Gestüts in das Remonteamt Bergstetten bei Donauwörth in Bayern verlegt. Erst 1947 erfolgte der Rücktransport und auch nur eines Teiles der Tiere. Der Rest ist verschollen bzw. nach den USA gebracht worden, darunter die Hauptbeschäler Pluto und Maestoso.

Unter den zurückkehrenden Lipizzanern befanden sich 20 Zuchtstuten und die Schimmelhengste Favory, Neapolitano und Incitato. In Ungarn selbst fand man nur wenig altes Zuchtmaterial, das auf Grund der Brände einwandfrei identifiziert werden konnte. Der Aufbau der Zucht kam gut voran.

Von 1952 an erfolgte die Aufzucht der Lipizzanerhengstfohlen auf den Weiden des Bükkgebirges. Nach dem Neubau des Stutenstalles in Szilvásvárad wurden auch die ersten Lipizzanerstuten übernommen. Als 1962 Bábolna zum reinen Arabergestüt umgestaltet wurde, verließen auch die letzten Lipizzaner diese Zuchtstätte, etwa 40 Mutterstuten, 80 ein- bis dreijährige Jungstuten und fünf Hauptbeschäler. Es sind heute die Araber, die Bábolna seinen züchterischen Glanz erhalten.

Perspektive der ungarischen Lipizzanerzucht

Das Lipizzanergestüt Szilvásvárad mit seinem Bestand von 70 Mutterstuten erfüllt voll die ihm gestellten Aufgaben: Bereitstellung der Deckhengste für die Landeszucht, Reproduktion der

Mutterstutenherde und damit Sicherung der Zuchtbasis im eigenen Land. Auch im Raum Kecskemét befindet sich eine Lipizzaner-Zuchtstätte im Aufbau, allerdings gilt sie nicht als Stammgestüt. Zur Erfüllung von Exportaufgaben jedoch steht diese, aus altem Szilvásvárader Zuchtmaterial hervorgegangene Nachzucht der LPG »Ungarisch-Sowjetische Freundschaft« zur Verfügung. Als Brandzeichen tragen die Lipizzaner aus Kecskemét neben Fohlennummer und Jahrgang ein KT in der Sattellage. Die Originalabstammungsbrände sind auch in Ungarn lediglich dem Hauptgestüt vorbehalten.

In Szilvásvárad ist man bemüht, die alte Zuchttradition des ungarischen Lipizzaners zu erhalten und in aller Welt dafür zu werben. Der Aufbau eines nationalen Sport- und Trainingszentrums ist in vollem Gange, eine großzügig angelegte Reithalle, 60 m lang, 20 m breit, mit 1000 Sitzplätzen für Zuschauer, ist fertiggestellt. Erste Turniere wurden bereits durchgeführt. Internationale Verkaufsveranstaltungen sorgen für guten Absatz. Der ungarische Lipizzaner ist sehr gefragt. Und auch in der Landeszucht gilt er als gutes, gängiges Kutsch- und Wirtschaftspferd, insbesondere in den gebirgigen Teilen des Landes. Sein Fortbestand ist gesichert.

Grabmahl des Araberhengstes Obajan sen. Er wurde 30 Jahre alt. Vater: Obajan. Mutter: Maneghie. Geboren 1880 in Tell-El-Kelach in Syrien, gekauft 1885 für 6000 Franken. Er war 25 Jahre lang Hauptbeschäler und zeugte 312 Fohlen, davon wurden 112 zu Landbeschälern. Gestorben 1910

Fohlenabteilung der Sport- und Noniuspferde in Mezőhegyes

Innenhof des Gestütes Bábolna mit dem Denkmal für die hier aufgezogenen Araber, die während des Krieges umgekommen sind. Rechts die zweihundertjährige Akazie über dem Grab von Obajan

Das tschechoslowakische Lipizzanergestüt Topol'čianky

Das tschechoslowakische Gestüt Topol'čianky und seine Umgebung

Schloßportal Topoľčianky

Geographische Lage

Topoľčianky, das Heimatgestüt der Lipizzaner in der Tschechoslowakei, liegt im Bezirk Nitra, gut 100 km östlich von Bratislava, im Vorgebirge der slowakischen Tatra. Von Brno aus erreicht man den etwa 4000 Einwohner zählenden Ort in etwa dreistündiger Autofahrt. Zwischen den Ausläufern der Mittelgebirge Inovec und Tribeč gelegen, wurde im Jahre 1921 das Hauptgestüt Topoľčianky gegründet. Die Vorwerke Rybnik (1922), Hostie (1926/28) und Breziny (1929/31) kamen im Laufe der Jahre hinzu und werden noch heute als Stallungen genutzt.

Das Staatsgut Topoľčianky hat 974 ha, davon 758 ha Ackerfläche, 51 ha Weingärten, der Rest sind Grünflächen. Am Übergang der Donauebene zu den Bergen, in 220 bis 480 m Höhe gelegen, bietet es für etwa 400 Pferde günstige Weideflächen. Die Jahresdurchschnittstemperatur beträgt 9,3 °C, für den Sommer 18 °C, im Winter 0,7 °C, die durchschnittliche Niederschlagsmenge pro Jahr 650 mm. Das Verwaltungsgebäude des Gutes befindet sich in unmittelbarer Nähe des Schlosses. »Plemenársky Podnik Topoľčianky«, Hauptgestüt Topoľčianky, ist auf dem Eingangsschild zu lesen. Gegenüber befinden sich die Reithalle und Ställe für 60 Arbeits- und Reitpferde. Der Turnier- und Auktionsplatz mit Tribüne schließt sich unmittelbar an. Hier finden jährlich die Auktionen der Sportpferde statt.

Nur ein kleiner Teil des Pferdebestandes ist direkt in Topoľčianky untergebracht. Der größte Teil steht auf den Vorwerken, die Mutterstutenherde mit den Hauptbeschälern befinden sich im 6 km entfernten Breziny, die jungen Hengste im 3 km nördlich gelegenen Hostie, die Stutfohlen von sechs Monaten bis zu drei Jahren 4 km weiter in Rybnik.

Schloß Topoľčianky –
heute ein Erholungsheim

300 Jahre befand sich das Gebiet des heutigen Gestütes im Besitz der Familie Topoľčianki. Zuerst entstand dort eine Wehrburg, eine Festung gegen die Türken. Nach dem ersten Weltkrieg ging das inzwischen erbaute Schloß mit dem dazugehörigen Gut in den Besitz des tschechoslowakischen Staates über. Später wurde es Sommerresidenz des Präsidenten der Republik. Heute steht es als Erholungsheim der Gewerkschaft den Berufstätigen des ganzen Landes zur Verfügung.

Die im klassizistischen Stil errichtete Vorderfront des Schlosses unterscheidet sich deutlich von den übrigen drei Flügeln, die im Renaissancestil erbaut sind. Sie begrenzen einen unregelmäßig viereckigen Hof, an drei Seiten umgeben von Arkaden. Die noch vorhandenen Kostbarkeiten wie Möbel, Wandteppiche, Gemälde, Porzellan, Waffen und Bibliothek sind im monumentalen Vorderbau untergebracht, in den Seitenflügeln wohnen die Gäste.

Topoľčianky – auch Wild- und Jagdparadies

Ein weitreichender, nach englischem Vorbild angelegter Park, der sich durch seinen Reichtum an exotischen Laub- und Nadelbäumen auszeichnet, beginnt unmittelbar hinter dem Schloß und geht in das ausgedehnte Waldgebiet der Umgebung über, das zu einem der reichsten Wild- und Jagdbezirke der Tschechoslowakei zählt.

Das Revier umfaßt 16 000 ha und wird durch einen 80 km langen Zaun geschützt. Es beherbergt hochwertiges Trophäenwild, etwa 500 Hirsche, daneben Rehe, Mufflons, Wildschweine, Dachse, Wildkatzen und Fasane in großer Zahl. 1958 wurde das erste Wisentpaar aus der Sowjetunion eingeführt. Durch weitere Importe und erfolgreiche Nachzucht konnte inzwischen eine stattliche Herde dieser Form des europäischen Bisons aufgebaut werden. Sie ist in einem gesonderten Gehege von 130 ha untergebracht. Neben diesem Areal befindet sich eine Versuchsstation zur Erforschung von Lebensgewohnheiten und -bedingungen der hier lebenden Wildarten.

Es ging um eine eigene Zuchtstätte

Die Slowakei ist bis auf die Donautiefebene im Süden ein waldreiches Gebirgsland, in der es für die Landwirtschaft von jeher nicht leicht war, zusätzlich zur Versorgung des Menschen ausreichende Mengen Viehfutter zur Verfügung zu stellen. Daher schätzte der slowakische Bauer schon immer ein Pferd von Genügsamkeit, Leichtfuttrigkeit und Ausdauer, wie es ihm mit dem Lipizzaner geboten wurde. Die Landbeschäler für die einzelnen Hengstdepots wurden bis zum Ende des ersten Weltkrieges von den Gestüten Radautz, dem heutigen Rădăuţi, und Bábolna gestellt. Auch Araber wurden neben dem Lipizzaner besonders in den Gebirgsgegenden zur Zucht verwendet. Der »Arab-Lipizzaner«

Innenhof des Schlosses Topoľčianky. Unter den Kreuzgewölben der Galerie im 1. Stock hängen Dutzende Rothirschgeweihe, Zeugnisse des Jagdreichtums um Topoľčianky

spielte in der Landeszucht keine geringe Rolle. Nach dem Zusammenbruch der Donaumonarchie stand der junge tschechoslowakische Staat vor der Notwendigkeit, eine eigene Zuchtstätte für Landbeschäler zu gründen.

Über Kladrub und Visovice in Mähren gelangten von Laxenburg 1921/22 30 Stuten der Jahrgänge 1915/16 aus dem ehemaligen Gestüt Lipizza nach Topoľčianky. Mit ihnen kam der 1904 in Lipizza geborene Schimmelhengst Neapolitano Gratia. Aus dem Hengstdepot Nitra wurde Siglavy Capriola, geboren 1911 in Făgăraş, übernommen, aus Făgăraş der gleichaltrige Maestoso XIII-2. Mit diesen 30 Stuten und drei Hengsten wurde 1921 die Lipizzanerzucht in der Tschechoslowakei begründet.

Der Wandel in der Lipizzanerzucht

Während der Lipizzaner früher ein Luxuspferd war und als klassisches Reit- und Kutschpferd gezüchtet wurde, traten jetzt die Anforderungen der Landwirtschaft in den Vordergrund. Benötigt wurde ein Vielseitigkeitspferd, das sich insbesondere im Gebirge bewährte. Der Bauer forderte als Wagenpferd den farbigen Lipizzaner. Schimmel waren zu auffällig, in der Pflege aufwendiger. Allerdings sagte man den Schimmeln eine bessere Qualität der Hufe nach als den Rappen und Braunen. Trotzdem wurde in der Landeszucht der dunkle Lipizzaner bevorzugt. Es waren jedoch in Topoľčianky im Zeitraum von mehr als 50 Jahren unter 43 Hengsten nur elf farbige, und zwar neun Rappen und zwei Braune. Aber auf Grund der genetischen Zusammensetzung schlugen die dunklen Ahnen auch bei den Nachkommen der Schimmelhengste im-

Lipizzanerstuten mit Kummetanspannung

Neuner- und Zwölfergespanne weißer Lipizzaner, von fester Hand in voller Aktion vorgeführt, gehören zu den Attraktionen der Fahrkunst. Nicht in jedem Jahr gelingt die Zusammenstellung eines solchen Zuges. Die Aufnahme wurde in Topoľčianky bereits 1972 gemacht (Foto: Gestütsarchiv)

mer wieder durch. Sehr bald dominierte der farbige Lipizzaner. Der Wechsel in der Zuchtrichtung vom Repräsentations- zum Gebrauchspferd schloß natürlich nicht aus, daß einzelne, im Hauptgestüt gezogene Tiere als Dressurpferde weiterhin eine Spitzenposition einnahmen.

Ein neuer Anfang

Die Auswirkungen des zweiten Weltkrieges gingen auch an Topoľčianky nicht spurlos vorüber. Nur 10 Prozent des Pferdebestandes konnte gerettet werden. Viele wertvolle Zuchttiere waren im ganzen Land verstreut. Nach 1945 wurden 70 bis 80 Lipizzaner, Stuten und Hengste, von den Bauern zurückgekauft. Anhand der Brandzeichen konnte in den meisten Fällen der Abstammungsnachweis geführt werden. War die Klärung der Abstammung nicht möglich, schieden die Tiere für die Zucht aus.

Auch im Restbestand des Remontedepots Mimoň befanden sich etwa 15 junge Lipizzanerhengste, die das Gestüt in Topoľčianky übernahm. Sie wurden zuerst in der Landeszucht verwendet und nach ihrer Bewährung als Hauptbeschäler des Gestütes eingesetzt. Mit den drei Schimmelhengsten Siglavy V, Favory I und III sowie dem Braunen Pluto III wurde die Lipizzanerzucht der Tschechoslowakei in den ersten Nachkriegsjahren neu begründet. Allein Pluto III zeugte 102 Nachkommen, die nicht nur dem Gestüt, sondern dem Wiederaufbau der Landeszucht zugute kamen.

Zur Verbreiterung der genetischen Basis und Blutauffrischung war man laufend bemüht, wertvolles Zuchtmaterial zu importieren. Aus Bábolna kamen 1955 ein Vertreter der ungarischen Favory-Linie und 1967 ein Incitato, aus Jugoslawien 1958 ein schwarzer Conversano. Der bis 1975 als Deckhengst verwendete Neapolitano Perletta wurde 1971 in Piber gekauft.

Die Bedeutung des Lipizzaners für die tschechoslowakische Landeszucht

Trotz des hohen Mechanisierungsgrades der Landwirtschaft ist der Lipizzaner in der Tschechoslowakei nach wie vor als zuverlässiges, edles Pferd beliebt. Staatsgüter und Landwirtschaftliche Produktionsgenossenschaften sind stolz auf ihre gut eingefahrenen, schnellen Lipizzanergespanne, die nicht nur bei schlechten Wegverhältnissen, nach Regen und Schneefall, das Auto ersetzen, sondern auch bei den Fahrwettbewerben stets auf vordersten Plätzen zu finden sind. Die ideale Kombination zwischen Gebrauchs-

Kutschfahrten mit einem Lipizzanergespann gehören zu den Attraktionen in Topoľčianky

und Turnierpferd, für schwere Arbeit und sinnvolle Freizeitgestaltung, ist gelungen. Der Lipizzaner ist auch heute noch ein unentbehrlicher Helfer des Bauern. Darüber hinaus trägt er für weite Kreise der Bevölkerung und für viele sportlich begeisterte Pferdefreunde zur Entspannung bei, einmal durch seinen Anblick und die Beschäftigung mit ihm, zum anderen durch seine Nutzung als Reit- und Wagenpferd.

Jeweils nach den Erfordernissen der Zucht wechseln die Pepinièrhengste des Hauptgestütes mit den Beschälern des Hengstdepots. Die Direktiven für die Pferdezucht werden von einer Kommission erlassen, der neben einem Mitglied der Generaldirektion für Pferdezucht in Bratislava jeweils mindestens ein Vertreter der einzelnen Zuchtstätten angehören. Früher wurde auch in der Landeszucht durch die Festlegungen der Paarungen eine genaue Zuchtwahl getroffen. Heute wird die Zucht durch die Verteilung der Hengste auf die einzelnen Kreise und Bezirke gelenkt. Die Ostslowakei, insbesondere das Gebiet um Poprad, ist Schwerpunkt der Lipizzanerzucht. Hier erfolgt gezielt der Einsatz der Deckhengste der Lipizzanerrasse. 1975 deckten 18 Lipizzanerhengste in der Slowakei, davon waren zwei braun, die anderen weiß. Je vier gehörten den Stämmen Pluto, Conversano und Incitato an, jeweils zwei der Linie Favory und Neapolitano, je einer dem Maestoso- und Siglavy-Stamm.

Zuchtwahl und Leistungsprüfungen

Im Hauptgestüt Topoľčianky wird zur Zeit mit neun traditionellen Mutterstutenfamilien gezüchtet; die Linien Theodorosta, Stornella, Presciana und Deflorata dominieren. Die Anzahl der Mutterstuten lag durchschnittlich zwischen 25 und 30, maximal stieg der Bestand bis auf 50 an. Die erste Bedeckung erfolgt im Alter von vier bis fünf Jahren. Ein Kollektiv des Gestütes, bestehend aus dem Hauptzootechniker, Veterinär und Stutbuchführer, bestimmt die Vatertiere. In der Regel wird ein Ersatzhengst »zugepaart«. Den Zucht- und Bedeckungsplan bestätigt die Hauptkommission, der auch Fachleute aller anderen Gestüte der Slowakei angehören.

Die Stuten gehören zu den Familien:

Sardinia (Malaga – Mahonia)
Theodorosta (Toseana – Teodora – Toscanella – Trompeta – Topolnica)
Brandamanta (Romea – Primavera – Romanka – Romida – Reseda)
Stornella (Stella – Sagana – Saronna)
Deflorata (Capriola – Comtesa – Cattinara)
Rava (Rigoletta – Rigora – Risanota – Roma)
Africa (Batosta)
Spandiglia (Monteroso)
Gidrana (Gaetana)

Seit einigen Jahren gehört Professor Hučko, ein anerkannter Tierzüchter und Pferdezuchtexperte, zum Kollektiv des Hauptgestüts. Er warnt vor Zuchtexperimenten in Form von Einkreuzung anderer Rassen. »Der Lipizzaner soll klassisch bleiben wie er ist.«

Entsprechend ihrer Spätreife bekommen die Lipizzanerstuten häufig erst mit sechs Jahren ihr erstes Fohlen. Die Zuchttauglichkeit reicht dafür allerdings auch bis zu einem Durchschnittsalter von 20 Jahren. Die älteste Stute mit Fohlen war 24 Jahre. In 16 Zuchtjahren 16 Fohlen zur Welt zu bringen, das ist ein seltener Rekord, aufgestellt von der Schimmelstute 615 Rava, geboren am 31. März 1944, von Maestoso I. 1959 brachte sie sogar zwei Fohlen zur Welt, das erste am 18. Januar, das zweite am 24. Dezember – ebenfalls ein nicht alltägliches Ereignis. Ein Alter von 27 Jahren für eine arbeitsfähige, allerdings nicht mehr fruchtbare Stute, ist keine Seltenheit bei einer spätreifen, dafür aber auch langlebigen Rasse.

Die Fohlen werden mit sechs Monaten abgesetzt und gebrannt. Der Gestütsbrand besteht aus dem Schenkelbrand ČRS mit einem großen T = Topoľčianky in der Mitte. Er befindet sich stets seitlich am linken Hinterschenkel. Die Abstammungsbrände in der linken Sattellage entsprechen bis auf geringe Abweichungen den tra-

Neapolitano Perletta vor dem Schloß in Topoľčianky

ditionellen Bränden aus Lipizza. Die Zahl in der rechten Sattellage gibt an, um das wievielte Fohlen des Vatertieres es sich handelt. Die Numerierung ist fortlaufend, so daß bei einem guten Zuchthengst auch dreistellige Zahlen unter den Nachkommen zu finden sind.

Der Ganaschenbrand, das L an der linken Wange, wie er noch immer in Lipizza und auch in Piber verwendet wird, entfällt. Damit respektiert das Lipizzanergestüt der Tschechoslowakei wie die Gestüte in Ungarn und Rumänien, den Anspruch von Lipizza, daß nur die im Karst, der Urheimat des Lipizzaners, gezogenen Pferde diesen Brand tragen dürfen. Die laufende Nummer des Stutenregisters wird den jungen Zuchtstuten an der linken Halsseite eingebrannt. Für alle Rassen existiert ein gemeinsames Hauptstutbuch.

Die Dreijährigen kommen im September in den Dressurstall nach Topoľčianky, unmittelbar an der Reithalle gelegen. Nicht für die Zucht geeignete Tiere werden als Gebrauchs- und Sportpferde aussortiert. Auf den jährlichen Auktionen finden die inzwischen gut trainierten und eingerittenen Pferde sowohl bei einheimischen Sportvereinen wie auch bei ausländischen Käufern reges Interesse. Bei den für die Zucht vorgesehenen Tieren werden nach einjähriger Ausbildung folgende Kriterien gefordert:

- 12 km Geländeritt mit Hindernissen bis 90 cm hoch in 40 Minuten;
- 15 km Distanzfahrt in 55 Minuten;
- Zugfestigkeitsprüfung im schweren Zug. Im Doppelgespann muß die Last des Zweieinhalbfachen der eigenen Körpermasse mehrmals flott angezogen werden.

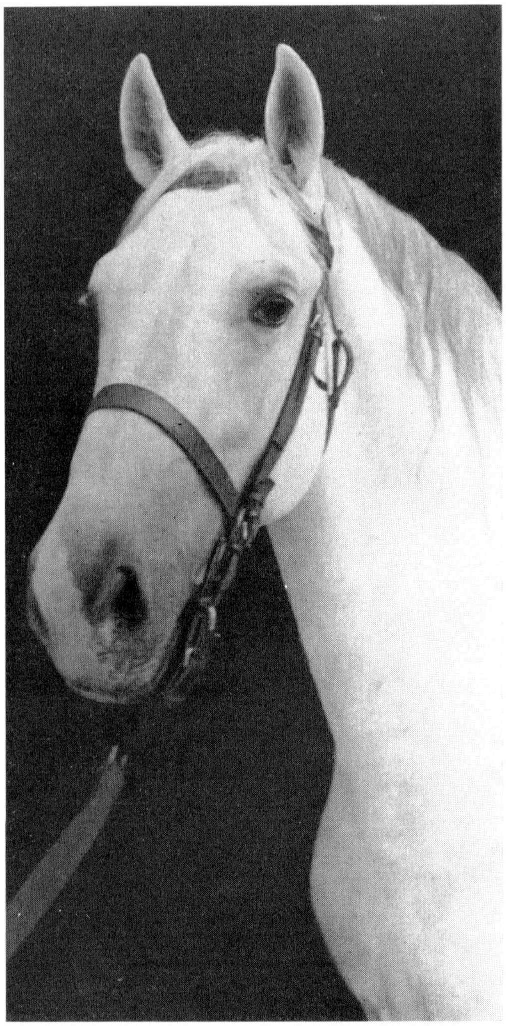

Zu diesen Leistungskriterien werden noch das äußere Erscheinungsbild, Rassetyp und Exterieur, die Konstitution, das Temperament und die Futterverwertung, der Charakter, das Verhalten im Stall, beim Beschlag, unter dem Sattel und vor dem Wagen beurteilt. Nach einem genauen Bewertungsschema ergibt die Summe der ermittelten Punkte die genaue Klassifizierung. Voraussetzung für die Einreihung in die Zucht sind die Kategorien Souper-Elite, Elite oder Klasse I. Die Entscheidung darüber fällt eine Kommission.

Die besten Stuten kommen in die Mutterstutenherde, die jungen vierjährigen Hengste in das Hengstdepot. Sie müssen sich als Beschäler in der Landeszucht bewähren, ehe sie als Deckhengste in das Hauptgestüt zurückkehren dürfen. Ein Teil der Lipizzanerhengste wird auch dem tschechoslowakischen Staatszirkus zur Verfügung gestellt, allerdings immer mit der Maßgabe, daß jederzeit auf Abruf ein Hengst wieder als Beschäler zurückgefordert werden kann. Das traf für Maestoso VIII zu, der nach erfolgreicher Zirkus-Karriere direkt nach Topoľčianky in die Zucht kam.

Die Mutterstutenherde in Breziny

Der Weg zum 6 km entfernt liegenden Vorwerk Breziny führt in kurvenreicher Strecke bergan mit Blick auf den langgezogenen Ort Topoľčianky an der landschaftlich reizvoll gelegenen, südwärts verlaufenden Durchgangsstraße von Partizánske nach Zlaté Moravce. Im Hintergrund steigen die bewaldeten Hänge des Tríbeč allmählich bis zu einer Höhe von gut 800 m auf. Nach kurzer Fahrt auf abseits der Hauptstraße

Neapolitano VII Perletta
Lipizzaner
Schimmel, geb. 19. II. 1967 Piber
Maße 166/156 – 187 – 20,5

Neapolitano VI Presciana	Neapolitano III Sardinia	Neapolitano Capriola	Neapolitano Ancona VI
			Capriola
		43 Siglavy Monterosa	Siglavy Monterosa
			497 Beja
	28 Presciana	Pluto II Materia	Pluto Bona
			Materia
		6 Maestoso V	Maestoso V Brezovica
			56 Bonarieta
70 Perletta	Neapolitano IV Brenta	Neapolitano Slavonia I	Neapolitano Brezovica
			49 Slavonia
		Brenta	Conversano Soja
			Brezica II
	33 Perlona	Favory VII Ancona	Favory VI Cratiosa
			41 Neapolitano – 2
		92 Plutena	Conversano Olga II
			28 Presciana

Pedigree des Hengstes Neapolitano Perletta (Pedigree = Ahnentafel, aus dem Englischen, Umformung des französischen »pied de grue«, wörtliche Übersetzung »Kranichfuß«, nach den Zeichen auf den Stammtafeln der adeligen Familien benannt und auf die Abstammungsnachweise der »adeligen« Pferde übertragen)

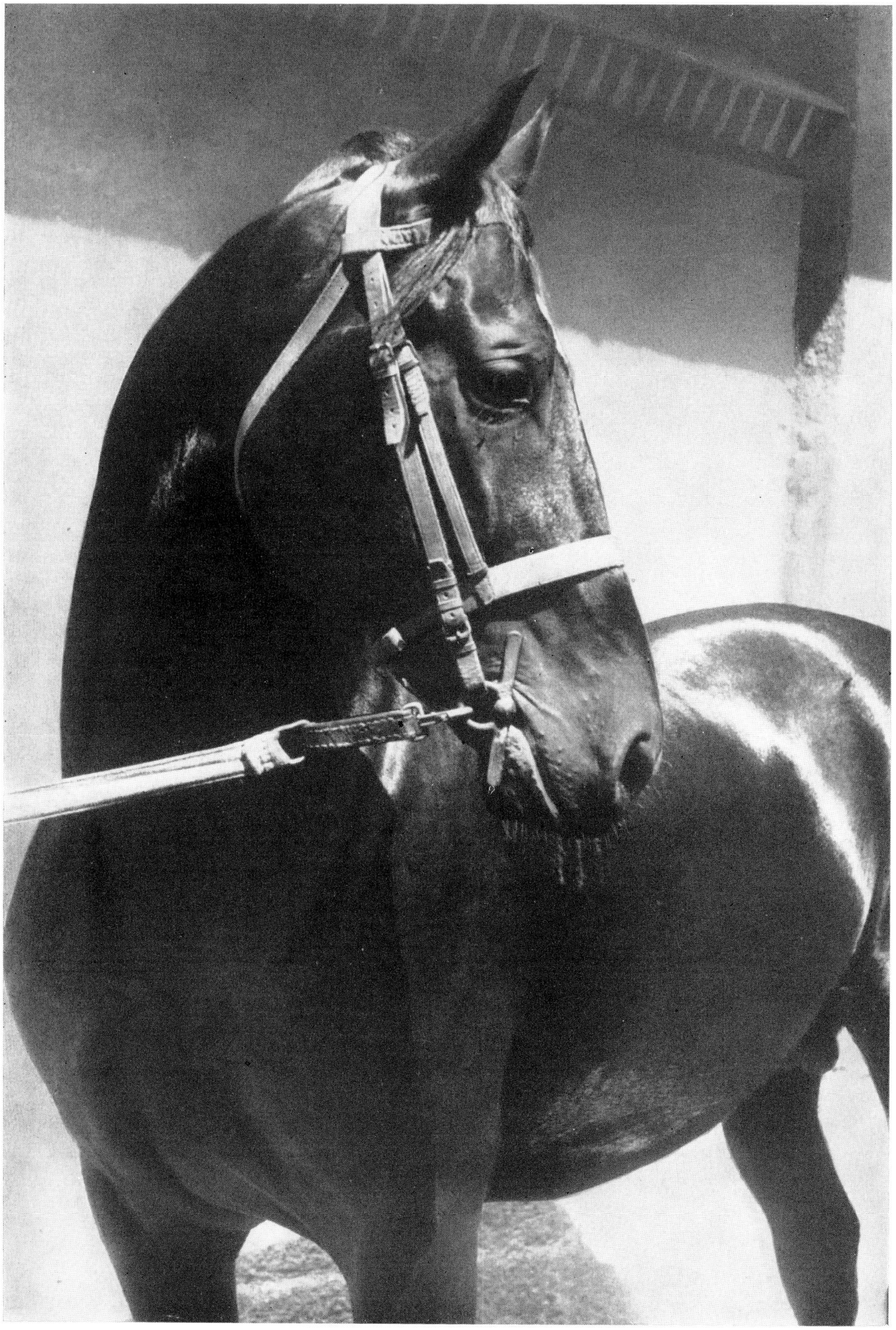

Lichtspiel im Haarkleid des Rappen Conversano I Ravata, Deckhengst in Topoľčianky

ausreicht. Der Weidegang beträgt durchschnittlich sechs Stunden, im Sommer von 8 bis 11 Uhr und 14 bis 17 Uhr, im Frühjahr und Herbst von 8.30 bis etwa 15 Uhr. Die Deckhengste bekommen täglich 4,5 kg Hafer und 6 kg Heu. In der Deckpause von Juli bis September wird die Haferration um ein Drittel gekürzt.

Die Hauptbeschäler in Topoľčianky

Der Hengststall befindet sich auf der gegenüberliegenden Hofseite. Neben den Lipizzanerhengsten sind hier auch die Vatertiere für die Araber- und Halbblutstuten untergebracht. Drei Hauptbeschäler, darunter der aus Piber stammende Neapolitano Perletta, stehen als Deckhengste für die Lipizzanerzucht zur Verfügung. Die Mehrzahl der Beschäler sind Schimmel, einen Braunen gab es lange nicht mehr. 1974 standen neben dem Piberaner Schimmel zwei Rappen in Breziny, zwei Conversano, beide 1963 in Topoľčianky geboren. Wie in Lipizza und Piber haben hier die Hengste einen Doppelnamen, den des Vaters und den der Mutter. Zum Beispiel stammt Conversano I Ravata von Conversano aus der Ravata, Conversano II Canissa von Conversano aus der Canissa. Es sind sehr elegante Hengste, mehr einem guten Reit- als dem klassischen Barocktyp entsprechend, fast schon zu fein. Auch die typische Ramsnase ist kaum noch erkennbar.

Die Hauptdeckperiode liegt zwischen den Monaten Februar und Juni. Im Juli, August und September werden grundsätzlich keine Stuten belegt. Die Trächtigkeitsrate beträgt über 80 Prozent. Sterilitätsbehandlungen sind nur gelegentlich erforderlich. Die Stuten werden gegen Virusabort geimpft, Erkrankung der Neugeborenen sind selten. Im April und September erfolgt regelmäßig eine Entwurmung.

Die tierärztliche Betreuung wird von einem anerkannten Fachmann durchgeführt. Dr. Alfred Stiene, Podnikový Zverolekár, Tierarzt des Hauptgestütes Topoľčianky, ist seit 15 Jahren Veterinär in Topoľčianky. Er betreut den gesamten Viehbestand des Gestütes, darunter auch 800 Rinder, Slowakisches Fleckvieh und Schwarzbunte. Seine Hauptpassion aber gehört den Pferden. Er nimmt an tierzüchterischen Beratungen teil, beeinflußt mit die Zuchtwahl, ist allen Belangen der Pferdezucht und des Pferdesports gegenüber aufgeschlossen, kommt den Wünschen seiner Gäste entgegen, ist gastfreundlich, hilfsbereit, organisationstüchtig, gleich ob es sich um die Besichtigung der Jungtierherde oder das

Vorführen von Deckhengsten und Stuten handelt oder die Beschaffung eines Gespanns zur Fahrt durch den Schloßpark, zur Weinprobe in dem gestütseigenen Keller oder zur »Schafskäseparty« an den Hängen des Tríbeč mit Slibowitz, dem slowakischen Nationalgetränk, hier noch von jedem Bauern und Gartenbesitzer mit staatlicher Genehmigung als Privatbrand produziert.

Der Fohlenhof Hostie

Der Weg zum 5 km entfernt liegenden Fohlenhof Hostie führt anfangs am Park entlang. Der schattige Waldweg geht über in eine Obstallee, Wiesen zu beiden Seiten. Bewaldete Hänge begrenzen zur Rechten den Blick, darüber die Bergkuppen des Inovec-Gebirges im Dunst. Fasanen mit leuchtend goldrotem Gefieder kreuzen den Weg, laufen ohne Scheu am Wegrand mit. Hochsitze am Waldrand deuten auf den Wildreichtum dieser Gegend.

70 Junghengste im Alter von einem halben bis drei Jahren sind in drei Stallabteilungen des Vorwerkes untergebracht, nach Jahrgängen getrennt, nicht nach Rassen. So tummelt sich der zweijährige Conversano mit dem jungen Araberhengst Shagya in demselben Auslauf und mißt ein kleiner Huzulenhengst mit einem Halbblüter seine Kräfte. Es ist mehr jugendlicher Übermut als ernsthafter Kampf. Aber dieses Spiel fördert die Kräfte. Conversano I-22, ein vielversprechender Rapphengst, scheint sich seiner Kraft und Stärke bewußt zu sein. Er ist der 22. Nachkomme des Hauptbeschälers Conversano I und beherrscht seinen Jahrgang wie ein Leithengst seine Herde in freier Wildbahn.

Name	Geburtsjahr	Vater	Mutter	Farbe	Stockmaß cm	Brustumfang cm	Röhrbeinumfang cm
Neapolitano VII Perletta	1967	Neapolitano VI Presceana	70 Perletta	Schimmel	156,0	187,0	20,5
Siglavy VIII Canissa	1959	Siglavy IV Sallo	733 Canissa	Schimmel	158,0	190,0	20,7
Pluto VII Monterosa	1964	Pluto VI Austria	7 Monterosa	Schimmel	156,0	193,0	21,3
Conversano II Canissa	1963	Conversano IV Stana	733 Canissa	Rappe	158,0	204,0	20,7
Favory VIII Stella	1967	Favory V Cassa	42 Stella	Schimmel	157,0	195,0	20,5
Conversano III Montenegrino	1959	Conversano IV Stana	619 Montegrina	Schimmel	158,0	204,0	20,7
Neapolitano VIII Saragossa	1964	Neapolitano VII Nadrocica	613 Saragossa	Schimmel	158,0	205,0	20,5

Hauptbeschäler in Topoľčianky 1974 bis 1977

Neapolitano Saragossa – Pepinièrhengst in Topoľčianky

Erfahrungen mit Lipizzanern – Jan Surda erzählt

Jan Surda, einer der besten Kenner der Zucht von Topoľčianky, seit 50 Jahren eng verbunden mit seinen Pferden, begleitet mich. Lipizzaner und Araber sind ihm gleich ans Herz gewachsen. Er kennt jede Stute, jedes Fohlen, erinnert sich an jeden Hauptbeschäler, hat jede Abstammung im Kopf, die Linien der Hengste genauso wie die Familien der Stuten. Er lobt den Charakter der Lipizzaner. »Sie sind gehorsam bei der Arbeit und gutmütig, und sie leben in der Herde gut zusammen«. Noch heute erregt Jan Surda das Gerücht, einer der drei Stammväter der Lipizzanerzucht in der Tschechoslowakei habe im Pferdedepot Nitra einen Pfleger erschlagen. Als

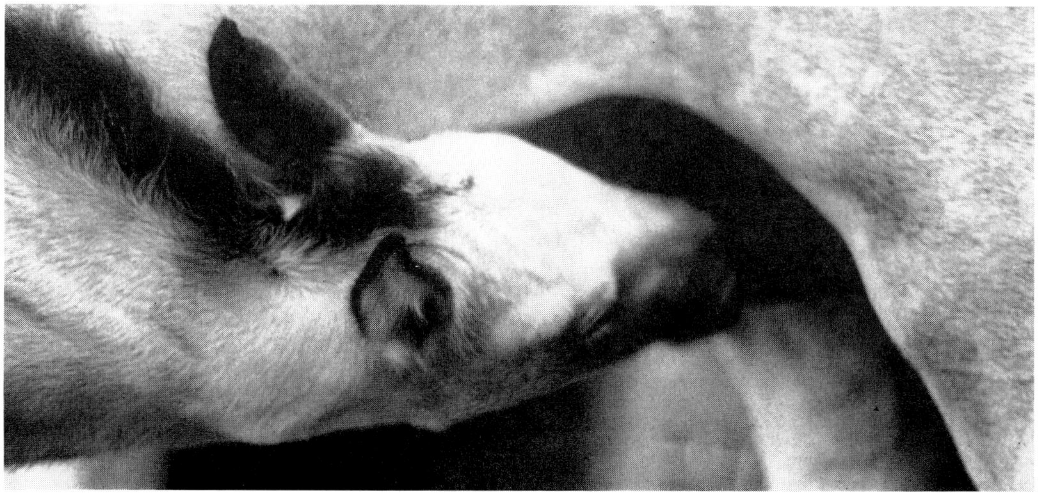

Kopfstudie

Mutterstute mit Fohlen im Stutenstall von Breziny

Muttermilch ist in den ersten Lebenswochen für das Fohlen die beste Nahrung

Elfjähriger kam Siglavy Capriola in das neu gegründete Hauptgestüt Topoľčianky. Er war ein schwieriger Hengst, lammfromm und brav im Stall in seiner Einzelbox, aber er konnte sich nicht mit anderen Pferden vertragen. Selbst ein Ausritt in der Gruppe machte Schwierigkeiten, und eine scharfe Hand oder gar unbedachte Schläge konnten zu gefährlichen Situationen führen. Auch in Bábolna, wohin er im Zuchtaustausch 1934 gelangte, galt er als schwierig. Aber keiner seiner Nachkommen in beiden Gestüten – er zeugte allein in Topoľčianky 19 Deckhengste – zeigten die geringsten Anzeichen eines schlechten Charakters. So ist Jan Surda fest davon überzeugt, daß dieser Hengst sich nur auf Grund schlechter Behandlung so entwickelt habe. Er läßt auf »seine« Lipizzanner nichts kommen.

Jan Surda erinnert sich auch daran, daß vor Jahren hier im Fohlenhof ein weißer Maestoso die oberste Rangposition hatte. Er »mißbrauchte« aber seine Führungsposition in keiner Weise. Als sich ein kleiner Anglo-Araber verletzte und von der Herde abgedrängt wurde, setzte sich der Maestoso mit Hilfe seiner Rangstellung und Stärke gegen die ganze Herde durch. Mit seinen Hufen und Zähnen verschaffte er dem kranken Pferd Platz und Zeit zum Fressen. Erst anschließend fraß er selbst und ließ auch die anderen an den Trog. Bis zur vollständigen Genesung wachte er über seinen »Schützling«.

Emil Kotrba, ein Pferdemaler bei der Arbeit

Hier in Topoľčianky treffe ich auch den Pferdemaler Emil Kotrba aus Prag. Er malt gerade einen jungen Araberhengst, besser er porträtiert ihn. Kotrbas Bilder lassen den Pferdefachmann erkennen. Mit seiner Sachkenntnis sind Liebe, Bewunderung und Hingabe an dieses edle Tier gepaart. Das spricht aus seinen Bildern. Ich finde sie überall in der Tschechoslowakei, ob in Topoľčianky, Kladrub oder Slatiňany. Seine Bilder, Aquarelle und Drucke begeistern »Pferdenarren« in aller Welt.

Ich schaue ihm bei der Arbeit zu. Während die schönsten Pferdegeschichten flüssig über seine Zunge gehen, setzt er mit dem Pinsel hin und wieder einen Tupfer oder Strich neue Ölfarbe auf die Leinwand. Liebevoll blickt er auf sein Modell, das sich ganz gelassen bewegt, plaudert mit Charme und Verstand, und beide sind wir gleichermaßen beeindruckt von der Kraft, Harmonie und Schönheit der uns umgebenden jungen Pferde.

Stute Stornella I in Topoľčianky

Beste Aufzuchtbedingungen beginnen mit einer langen Säugeperiode für das Fohlen

Die bewaldete Berglandschaft ist ein reizvoller Hintergrund für die gemischte Jungstutenherde in Rybnik

Die Jungstutenherde in Rybnik

Der Weg von Hostie nach dem dritten Vorwerk Rybnik führt 4 km durch alten Eichenwald. Am Waldrand muß das Tor des Wildgatters geöffnet werden. Hier beginnt das reichste Jagdrevier der Slowakei mit dem höchsten Wildbestand pro ha.

Die in etwa 500 m Entfernung grasende rotbunte »Jungrinderherde« beachte ich kaum. Erst als sie erschreckt in weiten Sprüngen dem nahen Waldrand zustürmt, erkenne ich, daß es ein Rotwildrudel ist. 40 bis 50 Tiere, unvorstellbar, soviele in freier Wildbahn zu sehen. Das Leittier sichert, das Rudel steht, dann setzt sich die Masse der Leiber wieder in Bewegung. Mit dem Fernglas sind deutlich einzelne Geweihkronen zu erkennen. Topoľčianky ist nicht nur ein Pferde-, sondern auch ein Wildparadies.

In Rybnik, einem quadratisch angelegten Gebäudekomplex, bestehend aus drei Stallabteilungen und einem Wohnhaus, stehen die Jungstuten aller Rassen. Sie sind in einem geräumigen Laufstall untergebracht, etwa 70 Tiere. Die Stalltüren bleiben stets offen. Die Einwohner erzählen, daß hier, in unmittelbarer Waldnähe, im Winter sogar Wildschweine ihre Scheu verlieren und sich in kalten Nächten gern an den Pferdeleibern wärmen. Weiter wird berichtet, daß sich die Hirsche im Spätherbst, wenn es schon mühsam ist, gutes Futter im Wald zu finden, ohne Scheu unter die grasenden Pferde mischen.

Es kommt auch vor, daß eines der jungen Pferde das Leben im Wald dem im Stall vorzieht und sich erst nach ein bis zwei Tagen wie-

Am besten schmeckts von üppiger Weide

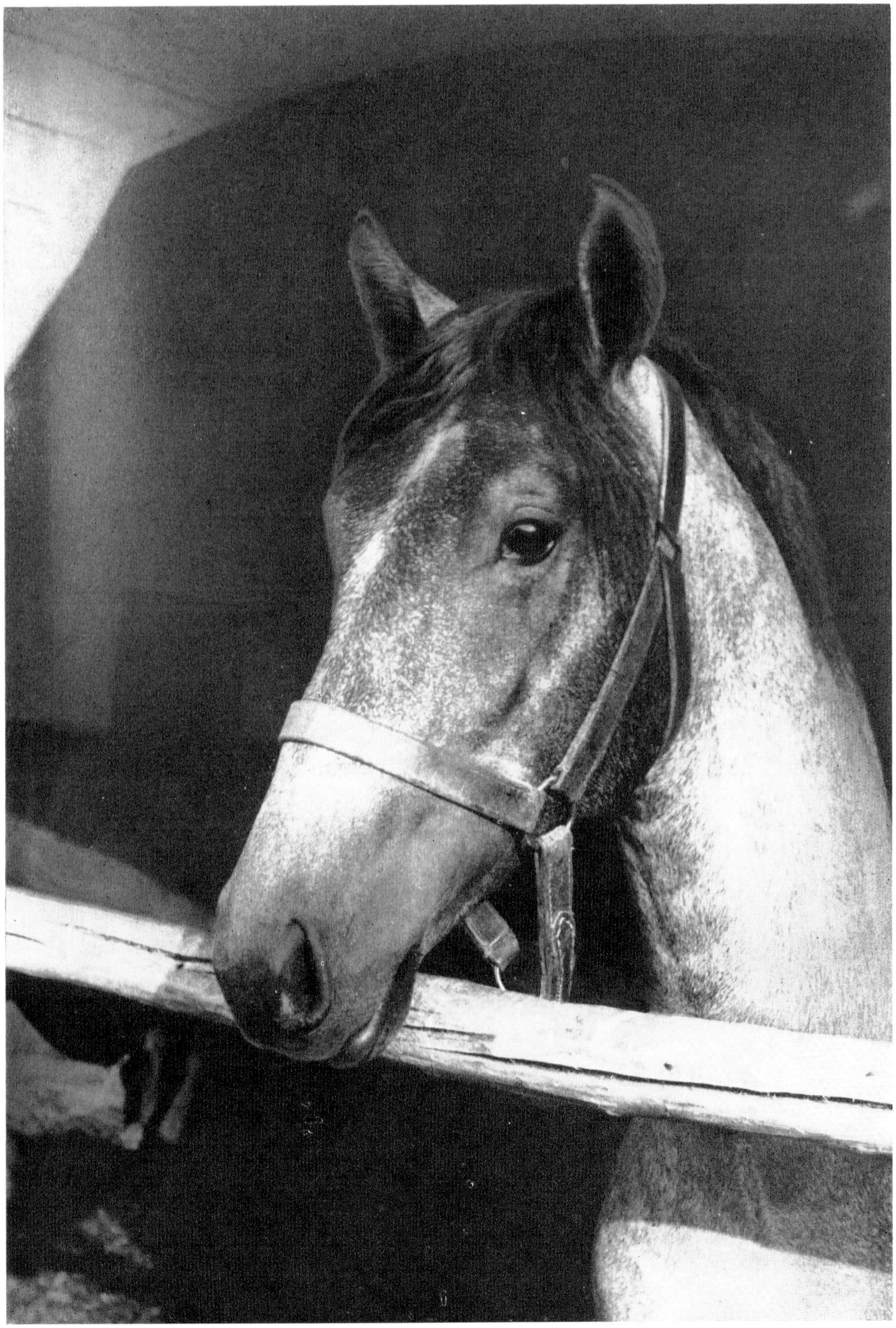

Fohlenhof Hostie. Einjähriger Junghengst im Übergangskleid zur Schimmelfarbe des ausgewachsenen Tieres

der zu der Herde gesellt. Der Pferdehirt kann nicht über jeden Ausreißer wachen, hat er doch allein schon durch das ständige Einsammeln des anfallenden Pferdekotes laufend seine Arbeit, eine Tätigkeit, die, wie mir versichert wird, für die Pflege der Weide und Parasitenbekämpfung unerläßlich ist.

Die Mutterstuten und Deckhengste der Huzulenherde sind ebenfalls hier untergebracht. Sie belegen die dritte Stallabteilung. Die Fohlen bleiben bis zum sechsten Monat bei ihren Müttern und werden dann in die weiblichen und männlichen Jungtierherden des Gestütes eingereiht.

Lipizzanerzucht in der forsteigenen Aufzuchtstätte Veľké Pole

In der Lipizzanerzucht der Slowakei hatte lange Zeit neben dem Hauptgestüt Topoľčianky die forsteigene Aufzuchtstätte Veľké Pole eine führende Stellung. Hier wurden Lipizzaner in Reinzucht gezogen – im Unterschied zur allgemeinen Landeszucht, wo der Arab-Lipizzaner dominierte. Für die Arbeit im Gebirge, im Wald, in der Forstwirtschaft schien der ausdauernde, gelehrige und genügsame Lipizzaner am geeignetsten. Als Brandzeichen wurde nur die laufende Nummer der Zuchtregister in der linken Sattellage verwandt. Die Original-Lipizzanerbrände blieben allein dem Hauptgestüt vorbehalten. Die Aufzucht von Lipizzanerfohlen im staatlichen Forst, unter natürlichen Aufzuchtbedingungen, 700 bis 1000 m hoch, führte zu harter Kondition, allerdings verbunden mit reduzierter Wachstumsintensität und geringerer Körpermasse. Die angestrebten Ziele im Forstbetrieb, frühe Reife des Lipizzaners, intensives Wachstum, hohe Lebendmasse und damit ein früherer Einsatz der Pferde, lassen sich nach Dušek durch diese Aufzuchtform nicht erreichen. Das Pferd ist und bleibt ein Produkt seiner Scholle. Darin liegt wohl auch der Grund, daß die Lipizzaner von Topoľčianky, auf üppigen Weiden aufgewachsen, gegenüber denen von Lipizza, Făgăraş und Piber kräftiger und massiger geworden sind.

Die Aufgaben des Hauptgestütes

Die Hauptaufgabe des Gestüts Topoľčianky besteht darin, Hengste für die Landeszucht bereitzustellen. Jährlich werden etwa zwölf neue Deckhengste benötigt, davon drei bis vier Lipizzaner, der Rest Araber, Anglo-Araber, kleine Bergpferde (Huzulen und Fjord-Huzulen). Hinzu kommt die Reproduktion der Mutterstutenherde, um die Selbständigkeit der eigenen Zucht zu erhalten. Schließlich hat gerade in letzter Zeit der Export von Sportpferden zugenommen.

Auch in Zukunft soll im Hauptgestüt Topoľčianky ein Gesamtbestand von 120 Zuchtstuten gehalten werden. Er setzt sich zur Zeit etwa zu gleichen Teilen zusammen aus Lipizzanern, Arabern, Sportpferden (englisches und Anglo-Araber-Halbblut) sowie Kleinpferden. Die Anzahl der Kleinpferd-Zuchtstuten, Fjord-Huzulen und Huzulen soll in Zukunft etwas zurückgehen zugunsten der Araber und Sportpferde. Einmal hat sich die Kreuzung Huzule-Fjordpferd nicht bewährt, die Tiere sind zu weich, so daß diese Zuchtrichtung zugunsten des reinen Huzulen eingestellt werden soll. Zum anderen entspricht dies der Nachfrage, denn auch die Ökonomie spielt in der Pferdezucht eine Rolle. An eine völlige Aufgabe der Zucht des Kleinpferdes in Topoľčianky wird allerdings nicht gedacht. Auch aus nationaler Tradition soll es weiter gehalten werden, denn der Huzule war während des zweiten Weltkrieges für die im Gebirge kämpfenden Partisanen unentbehrlich.

Eintrieb der Jungstutenherde in Rybnik

Lipizza und die anderen jugoslawischen Lipizzaner-Zuchtstätten

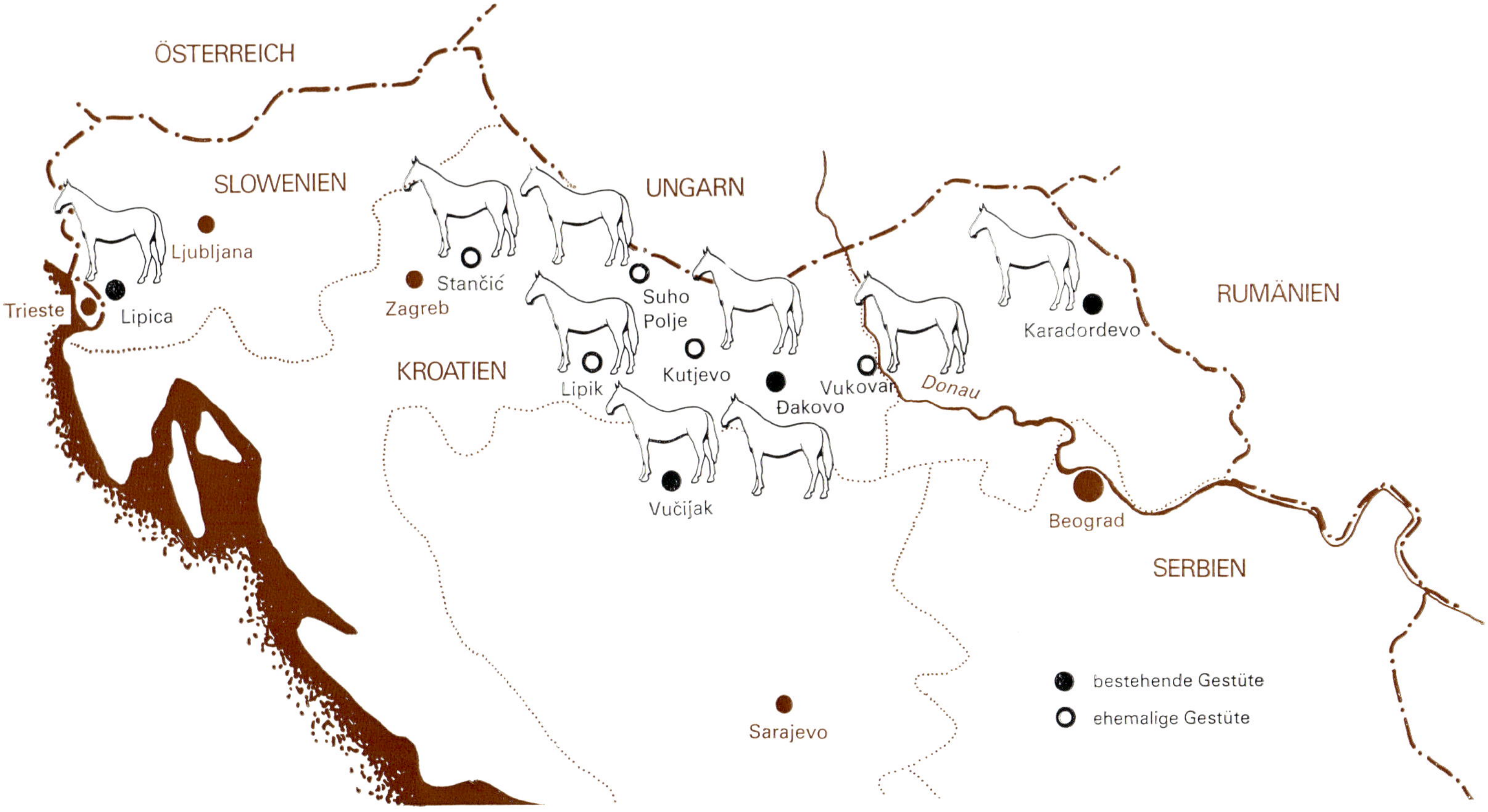

Die jugoslawischen Lipizzanergestüte

Landschaftliche Lage und historische Bauten

Das bedeutendste und traditionsreichste Lipizzanergestüt in Jugoslawien ist Lipizza (jugoslawische Schreibweise – Lipica). Wer sich, über die Autobahn von Lubljana kommend, der »Karstoase« Lipizza nähert, ist verwundert über die üppige Vegetation zu beiden Seiten der Straße. Dieses Fleckchen Erde ist jetzt eingebettet in eine grüne Landschaft von Bäumen, Sträuchern und Wiesen. Nur hin und wieder sieht man die Reste von Mauern aus Kalkgestein, die in früheren Jahrhunderten mühsam zusammengetragen wurden, um dem spärlichen Boden auf dem kargen Karstgestein Halt zu bieten. Damals war man sogar gezwungen, aus der weiteren Umgebung die so charakteristisch rötlich gefärbte Erde heranzubringen, um die Voraussetzungen für Wiesen, Weiden und Wälder zu schaffen. Noch heute erkennt der Besucher am frisch gepflügten Boden die »terra rossa« mit ihrem typisch weißen Kalkgestein zwischen den Furchen.

Der Weg zum Gestüt ist durch einen Schlagbaum versperrt. Er öffnet sich nur für Gäste oder wenn Führungen für Touristengruppen stattfinden. Rechts befinden sich die Ställe der Stuten und Junghengste sowie die alte Reithalle. Durch den Auslauf der Mutterstuten und den sich daran anschließenden Reitplatz getrennt, schließt sich links der Stall für die Kutsch- und Reitpferde an, unmittelbar dahinter die neu errichtete, 20 mal 65 m große Reithalle mit Zuschauertribüne.

Das markanteste Gebäude des Gestütes ist der im Jahre 1704 gebaute Stall für die Hauptbeschäler, der sogenannte Wölbstall. Vorbei am alten Schloß, heute Sitz der Gestütsverwaltung, komme ich über den Vorhof zum Eingangsportal mit lateinischer Inschrift. Im Innern des mit hohen Spitzbogengliederungen versehenen Gebäudes befinden sich die Boxen für die zehn Stammhengste. Conversano Dubovina und Favory Dubovina II sind mit ihren 20 Jahren die ältesten, Conversano Trompeta XII mit vier Jahren der jüngste. Täglich werden sie bewegt und trainiert. Die Jüngeren sind bei den jeweiligen Darbietungen der Hohen Schule und Schulquadrille. Diese Vorführungen der klassischen Reitkunst, dargeboten in der neuen Reithalle, begeistern die Besucher des Gestütes immer wieder.

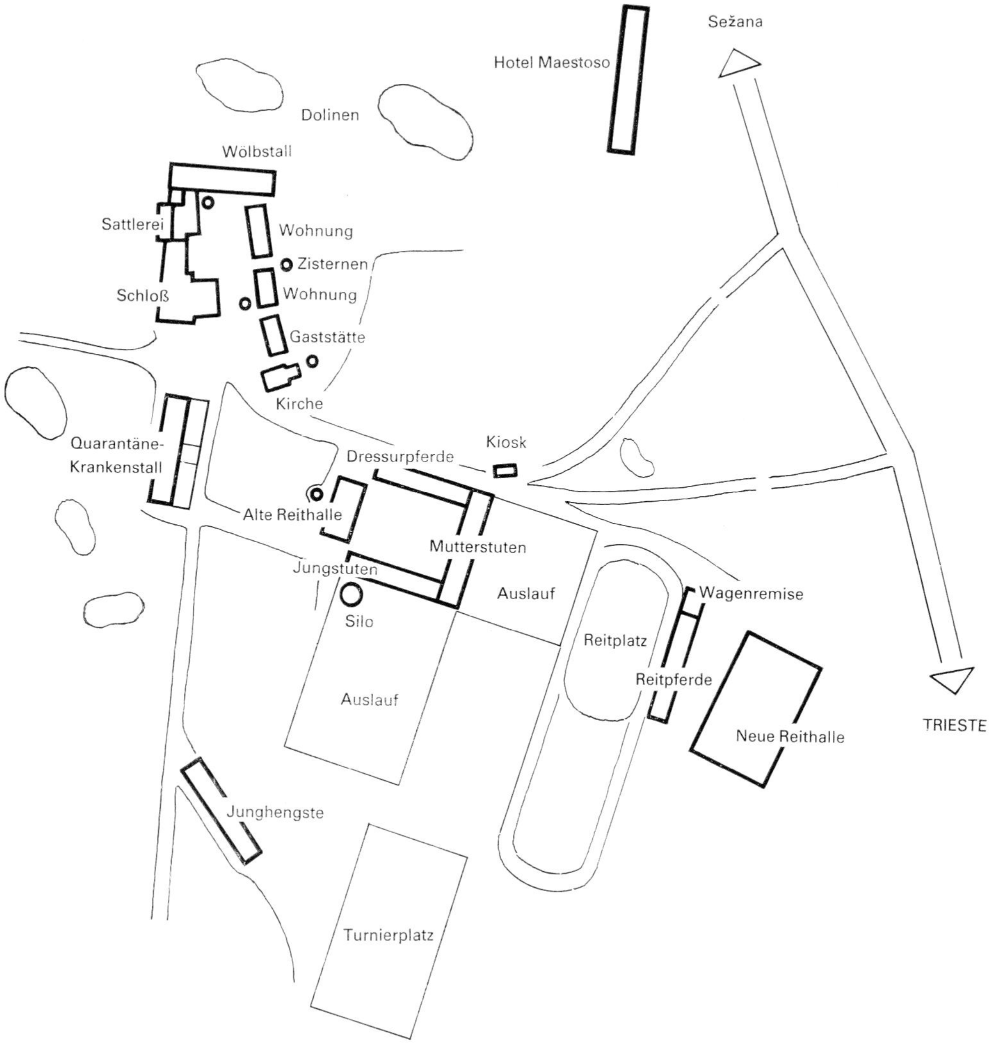

Lageskizze von Lipizza

Lipizzaner – erstklassige Dressur- und Wagenpferde

Schon 1952 wurde in Lipizza eine Dressurabteilung als erste »Hochschule der Reitkunst« gegründet. Das war die Voraussetzung für die dominierende Stellung des Lipizzaners im Dressursport in Jugoslawien. Lipizza wurde das Zentrum der Dressurreiterei. Internationale Erfolge blieben nicht aus. Der sechsmalige Landesmeister in der Dressur und Chefbereiter des Gestütes, Alfons Pečovnik, konnte sich wiederholt in internationalen Wettbewerben mit seiner Stute Thais XI gut plazieren. Aufsehen erregte der zweite Platz von Thais XI gegen stärkste Konkurrenz bei einem internationalen Turnier in Wien 1956. Bisher kannte man nur Hengste der Rasse als erfolgreiche Dressurpferde.

Das Zuchtziel ist der Typ des klassischen Lipizzaners mit etwas mehr betonten Eigenschaften des Reitpferdes. Dazu gehören bei Stuten eine Widerristhöhe von 150 bis 153 cm, bei Hengsten bis 158 cm, ein etwas stärker ausgeprägter Widerrist, der etwas längere, nicht zu hoch aufgesetzte Hals, ein gerader Rücken mit leicht abfallender Kruppe und gutes Temperament. Der Gang soll flacher, raumgreifender werden, ohne daß aber die typische Gangart des Lipizzaners verlorengeht.

Die Verwirklichung dieses zeitgerechten Zuchtzieles soll durch Kombinationen innerhalb der Rasse ohne Zufuhr fremden Blutes erreicht werden. Dafür sind die Hengste im Siglavytyp am besten geeignet, da sie trotz des manchmal knappen Rahmens die für ein Reitpferd günstigen Halsformationen und bessere Sattellage haben. Auch sind bei ihnen der starke Hals, niedriger

Name	Geburtsjahr	Vater	Mutter	Farbe	Stockmaß cm	Brustumfang cm	Röhrbeinumfang cm
Conversano Dubovina	1958	Conversano Gaetana IV	Dubovina	Schimmel	160,0	198,0	20,5
Siglavy Gatea I	1972	Siglavy Slavina I	Gaeta	Schimmel	153,0	180,0	20,0
Maestoso Bonavoja 45	1967	Maestoso IX Ancona	Bonavoja 45	Schimmel	153,0	190,0	21,0
Favory Sana I	1973	Favory Pakra XVIII	Sana I	Schimmel	159,0	190,0	21,0
Conversano Trompeta XII	1974	Conversano Dubovina	Trompeta XII	Schimmel	153,0	183,0	20,0

Hauptgestüt in Lipizza 1978 und 1979

Ein letzter erfrischender Trunk vor dem Austrieb

Mutterstuten aus Piber. Das österreichische Gestüt Piber hat als Lipizzanerzuchtstätte weltweiten Ruf. Alle Hengste der Spanischen Reitschule sind hier geboren

Weitere Lipizzanerzuchten und Besonderheiten der Rasse

Favory Dubowina – 4

Fahrer, wie Viktor Matyus aus Szilvásvárad, ihr Können an den Nachwuchs weitergeben. Der bekannte Fahrer Hans Reker aus Hannover startete mit seinen beiden kräftigen Lipizzanern aus Szilvásvárad nicht nur erfolgreich in nationalen Turnieren, sondern auch beim Donau-Alpen-Pokal 1981 in Kecel in Ungarn. Die dressurmäßige Arbeit mit dem Reiter wurde beim Fahrtraining aber keineswegs vernachlässigt. So wundert es nicht, daß sich neben den Erfolgen im Fahren auch Turniererfolge in der Dressur einstellten. Ein neuer Beweis dafür, daß der Lipizzaner für beide Sportarten hervorragend geeignet ist.

Der Lipizzaner-Zuchtverband Deutschland ist bemüht, durch Schauprogramme anläßlich von Ausstellungen und Messen für die so liebenswerte Rasse zu werben und eine Auswahl seiner Tiere einer breiten Öffentlichkeit vorzustellen. Denn erst unter dem Sattel zeigt der Lipizzaner seine ganze Schönheit und Ausstrahlungskraft.

Lipizzanerzucht in Italien, Dänemark, Schweden, Niederlanden, Frankreich, England und Polen

In der Zeit zwischen den beiden Weltkriegen war Lipizza italienisches Militärgestüt. Zuchtziel war ein kräftiger, größerer Lipizzaner im Reitpferdtyp, geeignet für den Armeedienst. Zuchtmaterial des alten Typs (wenig ausgeprägter Widerrist, weiche Rückenlinie, kleiner Rahmen) wurde ausgeschaltet.

Italienische Lipizzaner hatten nicht selten eine Widerristhöhe über 160 cm und einen Röhrbeinumfang von 22 bis 23 cm. Erreicht wurden diese Zuchtergebnisse durch den Einsatz solcher Vererber wie Maestoso XVIII und Conversano Austria, zwei Hengste, die enorm groß waren, und Favory Noblesse, der zu 50 % Kladruberblut führte, sowie durch sechs Zuchtstuten, die Nachkommen von Kladruber Müttern waren. Leider ignorierte man in dieser Zeit völlig, den alten Typ des Lipizzaners zu erhalten. Es fehlte den Tieren Tiefe und Breite, die Proportionen waren unharmonisch, die Pferde wirkten grob.

Nach dem zweiten Weltkrieg wurde ein Teil der Herde nach Pinerolo (Piemont) und später von dort nach Montemaggiore bei Monterotondo, in der Nähe von Rom, verlegt. Hier werden heute Lipizzaner gezüchtet. 40 Stuten mit Nachwuchs und sieben Hengste der klassischen sechs Linien bilden den Bestand. Die Farbschattierungen liegen zwischen Grau und Weiß. Zu jeder Jahreszeit, Tag und Nacht, blei-

Favory Dubowina-4, Schulhengst der Spanischen Reitschule, von 1978 bis 1980 Deckhengst in Piber, als Pachthengst des LZD in der Lipizzanerzucht Uttenstetten

Trompeta, 27 Jahre alt, im Lipizzaner-Gestüt Sturnehof

ben die Pferde im Freien. Traditionelle Brandzeichen verwendet man nicht mehr, es wird lediglich eine Nummer auf den Vorderhuf gebrannt.

Das Zuchtziel besteht darin, die Rasse zu erhalten. Auf Grund der klimatischen Verhältnisse und bei Berücksichtigung des Ausgangsmaterials sind Zweifel berechtigt, daß der in Italien weitergezüchtete Lipizzaner im Typ dem Lipizzaner in den Nachfolgezuchten der ehemaligen Donaumonarchie entspricht. Allein daß die Jungstuten im Alter von drei Jahren gedeckt werden, läßt erkennen, daß die Spätreife, ein charakteristisches Merkmal des Lipizzaners, verlorengegangen ist.

Seit 1972 besteht auch in Dänemark ein Lipizzaner-Zuchtverband mit 140 Mitgliedern. Das Zuchtmaterial stammt hauptsächlich aus Ungarn. Einige Tiere wurden auch aus Jugoslawien und aus der Tschechoslowakei importiert. Insgesamt sind 107 Stuten und 13 Deckhengste registriert, die sich über das ganze Land verteilen. Es sind aber nicht alles reinrassige Lipizzaner. Nach den Zuchtrichtlinien können Stuten mit mindestens 50 %Lipizzaneranteil ebenfalls zur Zucht verwendet werden. Man ist bemüht, einen Lipizzaner zu züchten, der von Typ und Größe dem der Ursprungsländer entspricht, um internationale Anerkennung zu finden. Das erfordert den Einsatz reinrassiger Lipizzaner, der in erster Linie durch den Import von Zuchttieren gedeckt werden muß. Diesem Zweck dienen auch straffere Zuchtrichtlinien und die bewußte Lenkung des Vatertiereinsatzes in den letzten Jahren. In Zukunft ist geplant, ein eigenes Brandzeichen zu verwenden, eine Kombination der Buchstaben DL, die Abkürzung für »Dänische Lipizzaner«, mit der Registriernummer darüber.

In Schweden besteht seit 1974 ein Lipizzaner-Zuchtverband. Das erste Zuchtmaterial stammte vor allem aus Ungarn. Hinzu kamen Lipizzaner aus Piber, Lipizza und Sîmbăta de Jos. Im »Svenska Lipizzaner Föreningen« sind zur Zeit 170 Mitglieder mit insgesamt 200 Pferden registriert, darunter etwa 50 Zuchtstuten. Die Tiere verteilen sich auf kleinere Zuchtstätten, deren größte in Skane einen Bestand von 30 Lipizzanern hat.

Gezüchtet wird auch in Schweden in Reinzucht nach den alten traditionellen Hengstlinien. Zur Zeit stehen vier staatlich anerkannte Deckhengste zur Verfügung: Pluto 506 XXVI-4 aus Ungarn und Siglavy Capriola VI-40 aus Rumänien. Hinzu kommen die schon in Schweden gezoge-

Ungarisches Sechsergespann als Gast in Dänemark (Foto: Dänischer Lipizzanerverband)

nen Hengste Pluto Bazilika und Neapolitano Allegro. Im Jahre 1982 wurden die beiden älteren Beschäler, Favory XXI-7, geboren in Szilvásvárad, und Neapolitano Dubowina VI, geboren in Lipizza, aus der Zucht genommen. Dafür soll der aus Rumänien importierte Favory XXIII-10 nach seiner Ankörung als Deckhengst eingesetzt werden.

Das Zuchtziel ist ein gängiges Wagenpferd. Als Reitpferd kann sich der Lipizzaner in Schweden schwer durchsetzen, da die Konkurrenz der Halbblüter zu stark ist.

Das Interesse für Lipizzaner ist in Schweden zunehmend größer geworden. Ausstellungen mit züchterischer Beurteilung der Tiere unter Beteiligung von Fachleuten aus Ungarn und Österreich wurden wiederholt durchgeführt. Sie dienen sowohl der Gewinnung neuer Freunde für diese Rasse als auch zur Förderung der Zucht, deren erklärtes Ziel ist es, nur reinrassige Lipizzaner zu verwenden. Wenn heute schon die Nachfrage größer ist als das Angebot, so beweist es, daß die Arbeit des Zuchtverbandes erste Früchte trägt.

Auch in den Niederlanden besteht ein kleiner Lipizzaner-Zuchtverband. Als »Werkgrop Lipizzaner Nederland« ist er dem »Warmbloed Paardenstamboek in Nederland« WPN angeschlossen. Der Bestand von 55 reinrassigen Lipizzanern im Jahre 1983 verteilt sich über das ganze Land. Herkunftsgestüte sind Lipizza, Piber, Đakovo, Topoľčianky, Szilvásvárad und Sîmbăta de Jos. Vier gekörte Hengste stehen für die Zucht zur Verfügung, in der nahezu alle Linien vertreten sind. Angestrebt wird ein Stockmaß von 155 cm. Die Schimmelfarbe herrscht vor. Richtlinien für eine besondere Zuchtwertprüfung bestehen noch nicht, auch ein spezielles Brandzeichen wurde noch nicht festgelegt. Die niederländische Lipizzanerzucht ist noch im Aufbau.

Seit einigen Jahren gibt es in Frankreich eine Vereinigung der Freunde des Lipizzaners: »Les Amis Francais du Lipizzan«. Sie hat sich die Aufgabe gestellt, die in Frankreich weniger bekannte Rasse zu propagieren und den Kontakt zwischen ihren Züchtern und Freunden innerhalb und außerhalb des Landes herzustellen. 1980 ist ein erstes Zuchtregister eröffnet worden. Offiziell als Zuchtverband ist die Vereinigung bisher noch nicht anerkannt.

In England besteht ein kleiner Lipizzanerverband »The Lipizzaner Society of Great Britain«. Das Zuchtmaterial stammt aus Öster-

Kopfstudie von Pluto Fantasia – 24
(Foto: Dänischer Lipizzanerverband)

reich, Italien und Ungarn. Siglavy Alda, zwei Jahre Beschäler in Piber und zuvor Schulhengst der Spanischen Reitschule, steht mit fünf Mutterstuten im Gestüt Starrock in Südengland.

In Polen bestand seit 1948 ebenfalls eine Lipizzanerzucht, im Gestüt Trzebieniece, im Süden des Landes. Von Sîmbăta de Jos wurde 1954 der Hauptbeschäler Maestoso XXV importiert, ihm folgten ein schwarzer Neapolitano und später Stuten aus Topoľčianky. 20 bis 25 Mutterstuten zählte der Zuchtverband. Seit 1960 ist in Polen die Lipizzanerzucht jedoch völlig eingestellt worden, das Zuchtmaterial wurde verkauft.

Lipizzanerzucht in den USA

Auch in den USA hat sich in den letzten Jahrzehnten eine Lipizzanerzucht entwickelt. Im Juli 1958 importierte Tempel Smith aus Europa 20 Lipizzaner und gründete die Tempelfarm im nördlichen Lake County, Illinois, zwischen Chikago und Milwaukee gelegen. Damit wurde der Grundstock gelegt für das größte private Lipizzanergestüt der Welt. Zur Zeit beherbergt es insgesamt 350 Lipizzaner aller Altersgruppen. Alle klassischen Hengststämme sind in der Zucht vertreten.

Lipizzanerfohlen im Wechselkleid auf der Weide in Piber. Im Hintergrund die Herde der Warmblutstuten

Das Ziel des Gründers war es, gleichzeitig ein Zentrum der klassischen Reitkunst ins Leben zu rufen. Das ist ihm gelungen. Bei den Vorführungen im Gestüt an den Wochenenden und auf Gastreisen im ganzen Land zu besonderen Anlässen, wie Einweihungsparaden für neugewählte Präsidenten und die 200-Jahrfeier-Parade in Washington, kann sich der Besucher vom Stand der Ausbildung der alten und jungen Hengste überzeugen, von denen etwa 50 ständig im Training stehen.

Alle Schulen auf und über der Erde stehen auf dem Programm, vorgeführt von berufenen Bereitern, die ihre Ausbildung in der Wiener Hofreitschule bekommen haben. Neben Levade, Courbette und Capriole wird auch die Arbeit am langen Zügel gezeigt. Den Abschluß der Vorführungen bildet auch hier das Ballett der weißen Hengste, das immer wieder das amerikanische Publikum begeistert und für den Lipizzaner in den USA wirbt.

Zuchtbasis und Seitenlinien in der Lipizzanerzucht

Die Zielrichtung der Lipizzanerzucht hat sich im Verlaufe der Jahrhunderte entsprechend den gesellschaftlichen und ökonomischen Bedingungen geändert. Früher Prunk- und Paradepferd der herrschenden Klasse und vielfach als Standessymbol benutzt, kam der Lipizzaner um die Jahrhundertwende durch seinen Einsatz in der Landeszucht in bäuerliche Betriebe.

Für die Entwicklung der Lipizzanerzucht in den einzelnen Gestüten nach dem ersten Weltkrieg zeigte sich eine gleiche Abhängigkeit von der gesellschaftlichen und ökonomischen Entwicklung. Dazu kamen Unterschiede in den Standortbedingungen, den Anforderungen der Landeszucht und den Zuchtzielen. Somit sind Unterschiede im Exterieur das Resultat einer Reihe von Ursachen. Bereits 1926 konnte festgestellt werden, daß der Lipizzaner in Topoľčianky in der Brustweite, Brusttiefe und im Röhrbeinumfang im Vergleich zum Zuchtmaterial von Lipizza stärker geworden war. Das hängt mit den günstigeren Haltungsbedingungen, insbesondere mit den besseren Bodenverhältnissen und damit sehr günstigen Weidebedingungen zusammen.

Der Einsatz der Deckhengste war anfangs infolge geringer Auswahlmöglichkeiten mehr oder weniger dem Zufall überlassen. Das war für die

Hengst Neapolitano Alba aus dem italienischen Lipizzanergestüt Montemaggiore (Foto: Gestütsarchiv)

Autor, Gestüt, Jahr der Messung	Anzahl Tiere Hengst	Stute	Stockmaß cm	Brustumfang cm	Röhrbeinumfang cm	Körpermasse kg
Bilek Lipizza, 1914	3		147,0	171,9	19,6	
		50	150,8	179,1	18,2	
Michal Lipizza, 1926	3		154,0	181,7	19,9	
		42	149,5	168,0	17,9	
Topoľčianky, 1926	3		153,0	179,0	19,4	
		33	147,4	175,2	18,0	
Piber, 1927	3		153,3	179,0	19,5	
		30	148,9	178,3	19,5	
Bredow Bábolna, 1927	5		150,9	175,0	19,9	
		6	152,6	181,2	18,9	
Ogrizek Stančić, 1919–1930	13		154,7	177,1	19,6	
Vladescu Zilistea, 1933			147,9	179,1	18,7	471,3
Madroff Bábolna, 1935	2	22	154,2	181,5	·	
Piber, 1935	3	25	152,0	182,7	·	
Făgăraş, 1935	4	32	150,1	181,5	·	460,1
Topoľčianky, 1935	3	25	150,0	174,9	·	498,8
Stančić, 1935	3	25	149,7	177,9	·	480,0
Magiaru Syndikat Făgăraş, 1939	6		149,0	169,8	18,8	425,0
		45	148,2	169,7	18,4	408,1
Suciu Hengstdepot Homorod Sîmbăta de Jos und Radautz, 1953	112	84	148,8	183,5	18,8	467,4
Sîmbăta de Jos, 1966	7		156,0	193,6	20,8	535,7
		83	153,1	188,7	19,4	509,0
Jurkocič	104		148,9	176,1	19,0	
Vučijak, 1968			145,5	172,3	18,9	
Karadordevo, 1968			149,0	176,9	19,0	
Đakovo, 1968			150,6	180,4	19,5	
Lipizza, 1968			151,1	179,0	18,4	

Übersicht über die durchschnittlichen Körpermaße im Zeitraum von 1914 bis 1968

Qualität der Nachzucht oft entscheidend und beeinflußte dadurch auch längere Zeit die Zuchtrichtung. Letzten Endes waren es aber die Anforderungen der Landeszucht, wie sich die Zucht in den einzelnen Gestüten entwickelte. Die Selektion allen leichteren Materials zu Gunsten der Kaliberverstärkung oder umgekehrt, eine Eliminierung zu massiger, grober Tiere, um den Typ des leichten, gängigen Wagenpferdes zu erhalten, prägte die jeweilige Zuchtrichtung. Dadurch erklären sich die wesentlichen Unterschiede der Lipizzanerzuchten in den einzelnen Ländern.

Die Zuchtbasis in der Lipizzanerzucht ist verhältnismäßig klein. Nach dem Niedergang der Zucht des Andalusiers und Neapolitaners im 18. Jahrhundert und nachdem 1885 auch der zuletzt eingeführte Araberhengst nicht mehr eingesetzt wurde, hörte jede weitere Blutzufuhr aus diesen drei Ahnenreihen auf. Die Lipizzanerzucht konnte sich von nun an nur auf der Grundlage der vorhandenen Zuchtbasis in Reinzucht weiterentwickeln. Dabei war man bemüht, zu enge Verwandtschaftszucht zu vermeiden. Die oft von der vierten Generation an auftretenden gleichen Ahnen hatten in der Hand erfahrener Züchter keine negativen Auswirkungen. Inzuchtdepressionen traten nicht auf und sind auch in Zukunft kaum zu erwarten. Um einer zu engen Verwandtschaftszucht und dem Dominieren bestimmter Linien in der Zucht vorzubeugen, erfolgt in allen Gestüten ein regelmäßiger Austausch der Hengste mit denen der Hengstdepots in der Landeszucht bzw. in Piber mit der Hofreitschule. Länger als drei bis vier Jahre bleibt ein Hauptbeschäler nur selten im Gestüt. Ein internationaler Zuchtaustausch wird in der Regel für zwei Jahre durchgeführt. Beispiel: Favory XXII aus Szilvásvárad gegen Conversano Pakra aus Đakovo.

Miroslav Steinhausz, ehemaliger Direktor des Gestütes Stančić, ein Kenner der Lipizzanerzucht, gibt in seinem 1943 erschienenen Buch »Hengstlinien und Stutenstämme des kroatischen Lipizzaners« eine genaue Abstammungsanalyse aller Zweige, Hauptlinien und Linien, nicht nur des kroatischen Lipizzaners, sondern auch aller anderen Zuchten. Er unterscheidet z. B. beim Maestoso-Stamm zwischen einem ungarischen, einem kroatischen und einem österreichischen Zweig, unterteilt in Hauptlinien und Linien.

Auch die einzelnen Stutenstämme werden in diesem Standardwerk der Genealogie des Lipizzaners genau analysiert. Nach den klassischen Linien, von Nummer 1 bis 18, die auch in anderer Literatur zu finden sind, gibt Steinhausz noch einen Überblick über weitere 21 Stutenlinien in den kroatischen Gestüten, unter anderen Trofetta-Traviata, Pakra, Erga und Stana.

Für den Züchter, der bemüht ist, zu große Inzucht zu vermeiden, es sei denn, er betreibt bewußt nahe Verwandtschaftszucht, um bestimmte Eigenschaften zu festigen, ist die Kenntnis dieser Zusammenhänge unerläßlich. Sie bietet die Grundlage für optimale züchterische Arbeit.

Klassische Hengststämme und ihre Verbreitung

Die sechs klassischen Hengstlinien Lipizzas sind in allen Gestüten vertreten, ihr Anteil variiert. In der Mutterstutenherde von Sîmbăta de Jos stehen die Favory- und Maestoso-Töchter mit fast 50 Prozent des Gesamtbestandes an der Spitze aller Linien.

In Szilvásvárad dominieren die Pluto-, Favory- und Conversano-Nachkommen. Die Maestoso-Linie ist nur schwach vertreten, verständlich daher der Wunsch, einen guten Vertreter dieses Stammes zu importieren. In der kleinen Herde von Topoľčianky wird die Maestoso-, Siglavy- und Pluto-Linie jeweils nur durch eine oder zwei Mutterstuten geführt. Die Anzahl der Incitato-Stuten ist dagegen so groß wie die der Stämme Conversano, Neapolitano und Favory.

Dem Anteil der einzelnen Stämme in der Mutterstutenherde entspricht auch der Prozentsatz der Deckhengste in der Landeszucht. So dominieren in Rumänien die Hengstlinien Maestoso, Favory, Siglavy Capriola und Pluto, in Ungarn die Stämme Favory, Pluto, Conversano und Neapolitano.

Am Beispiel des Conversano-Stammbaumes ist zu erkennen, daß sich die Abstammung lükkenlos bis auf den Stammvater zurückverfolgen läßt. Gleichzeitig wird deutlich, daß sich in den einzelnen Gestüten bestimmte Seitenzweige entwickeln. Das ergibt weitere Möglichkeiten für den Zuchtaustausch innerhalb des Gestütes und von einem Gestüt zum anderen. Der jeweils erste Hengst einer Linie erhält die Kennzeichnung I, die anderen folgen in chronologischer Reihenfolge, wie sie im Gestüt eingesetzt wurden. Daraus erklärt sich, daß die Numerierung innerhalb der Hengststämme in den einzelnen Zuchtstätten differiert und daß zum Beispiel der Deckhengst Conversano XX in dem einen Gestüt die Nummer XX, nach Umstellung in eine andere Zuchtstätte die Nummer VII erhält. In den Abstammungsnachweisen finden sich auch die Angaben über die charakteristischen Maße des Hengstes: Stockmaß, Bandmaß, Brustumfang, Röhrbeinumfang 153 – 162 – 187 – 20,5. Diese Standardmaße geben dem Fachmann einen ersten Anhaltspunkt über das Exterieur des Pferdes.

Beim Messen der Widerristhöhe vom unteren Rand des Vorderhufes bis zum höchsten Punkt des Widerrists gibt es zwei Methoden. Das Stockmaß ist ein ausziehbarer Stab, dem im rechten Winkel ein Arm angebracht ist, der auf den höchsten Punkt des Widerrists aufgelegt wird. Das Bandmaß legt sich dem Körper an und ergibt daher einen höheren Wert. Außerdem schwankt es wegen des oft unterschiedlichen Futterzustandes. Der Unterschied zwischen den beiden Maßen beträgt im Durchschnitt etwa 9 cm (8 bis 10 cm). Er differiert je nach Größe des Pferdes. Zur besseren Vergleichsmöglichkeit wurden alle Bandmaßwerte auf Stockmaß umgerechnet.

Land und Gestüt	Anzahl Tiere	Stockmaß cm	Brustumfang cm	Röhrbeinumfang cm
Rumänien				
Landeszucht	212 Hengste	153,0	182,7	20,6
Sîmbăta de Jos	9 Hauptbeschäler	154,6	192,2	20,3
Brebeni	6 Hauptbeschäler	155,2	190,2	20,9
Sîmbăta de Jos	100 Stuten	153,7	186,9	19,5
Brebeni	42 Stuten	150,5	185,3	19,7
Ungarn				
Landeszucht	59 Hengste	154,3	185,0	20,8
Szilvásvárad	5 Hauptbeschäler	158,0	187,0	21,4
	70 Stuten	154,4	185,6	20,2
Tschechoslowakei				
Landeszucht	23 Hengste	156,4	186,4	20,7
Topoľčianky	7 Hauptbeschäler	157,6	198,1	20,5
	27 Stuten	154,2	187,5	19,6
Jugoslawien				
Lipizza	6 Hauptbeschäler	154,3	186,5	20,6
	35 Stuten	150,8	182,5	19,2
	14 Hengste	154,4	178,7	20,2
Đakovo	4 Hauptbeschäler	155,3	186,0	20,8
	35 Stuten	153,5	182,9	19,6
Landeszucht	55 Hengste	154,2	182,9	20,3
Vučijak	3 Hauptbeschäler	155,3	184,3	20,5
	40 Stuten	147,8	176,0	19,0
Landeszucht	54 Hengste	150,9	178,0	19,7
Karadordevo	5 Hauptbeschäler	153,2	183,0	20,0
	33 Stuten	152,4	182,4	19,3
Landeszucht	34 Hengste	152,3	179,6	19,8
Österreich				
Piber	44 Stuten	155,0		19,5
Spanische Reitschule	57 Hengste	153,6	182,2	20,9

Übersicht über die durchschnittlichen Körpermaße der zur Zeit in Zucht befindlichen Tiere (entnommen aus den amtlichen Zuchtunterlagen)

Bedeutung und Zukunft der Tulipan- und Incitato-Linie

Die Tulipan- und Incitato-Linie treten gegenüber den sechs klassischen Hengststämmen deutlich zurück, in Lipizza und Piber existieren sie überhaupt nicht, werden dort auch gar nicht als klassische Lipizzaner-Blutlinie anerkannt. Der Fortbestand des Incitato-Stammes erscheint für die Zukunft stark gefährdet. Diese ursprünglich Siebenbürger Blutlinie ist in ihrer Heimat erloschen. Die Bemühungen, durch Import eines guten Incitato-Hengstes die Linie neu aufzubauen und die Blutbasis der einheimischen Zucht zu verbreitern, schlugen fehl. Im übrigen ist man in Rumänien der Ansicht, daß sich die Incitato-Linie in absehbarer Zeit aus der gesamten Lipizzanerzucht verlieren wird.

Der Einfluß in der Zucht der Tschechoslowakei gründet sich lediglich auf den 1954 in Bábolna geborenen Hauptbeschäler Incitato VI, dessen Töchter zum Teil noch in der Mutterstutenherde in Topoľčianky zu finden sind. Eine gewisse Bedeutung hat diese Linie nur in der ungarischen Lipizzanerzucht. Von ihren Zuchtergebnissen wird der Fortbestand der Incitato-Linie abhängen.

Das Weiterbestehen der Tulipan-Linie erscheint im Gegensatz zum Incitato-Stamm gesichert. In Jugoslawien und in Rumänien steht sie an Zahl und Qualität gleichberechtigt neben den klassischen Hengstlinien des alten Lipizza. In Ungarn ist man gerade in den letzten Jahren intensiv bemüht, die Tulipan-Linie unter Verwendung je eines jugoslawischen und rumänischen Hengstes neu aufzubauen. In der Lipizzanerzucht der Tschechoslowakei fehlt sie völlig.

Die Farbe der Lipizzaner

Die Farbe ist nicht generell mit einer Hengstlinie in Verbindung zu bringen. Neapolitano Perletta in Topoľčianky ist ein Schimmel, Neapolitano XXI in Făgăraş dagegen ein Dunkelfuchs, Conversano II Canissa in Topoľčianky ein Rappe, Conversano XXII in Făgăraş jedoch ein Schimmel. Mit dem braunen Pluto III wurde in Topoľčianky nach dem zweiten Weltkrieg die Zucht neu begründet, Pluto XXVII in Szilvásvárad hingegen ist ganz weiß. In Bábolna gab es nach dem ersten Weltkrieg einen braunen Maestoso, alle anderen Hengste waren Schimmel. Der Versuch, 1943 Schwarz als Farbe einzuführen durch einen Rappen als Deckhengst aus der Linie Siglavy Capriola, scheiterte. So blieb das Zuchtziel nach wie vor die Farbe Weiß, einschließlich Grauweiß und Braun.

Bis 1970 standen ein schwarzer Favory und ein gleichfarbiger Neapolitano in Simbăta de Jos. Heute fällt auf, daß man nur noch selten einen Rappen im Gestüt findet und im Gegensatz zu den anderen Zuchtstätten auch die Fuchsfarbe vorkommt. In der rumänischen Landeszucht werden, wie in anderen Ländern, ebenfalls dunkle Farben bevorzugt. Für die tägliche Arbeit auf dem Feld ist der pflegeaufwendigere Schimmel weniger geeignet. Mit dem allgemeinen Rückgang des Pferdes in der Landwirtschaft und dem Übergang zur Sportpferdezucht wird die Schimmelfarbe beim Lipizzaner in Zukunft immer mehr dominieren. Das reale Zuchtziel in der Farbe wurde vom Direktor von Szilvásvárad mit »Hellgrauschimmel« sowie »Schwarz« angegeben. Er verhehlte nicht die Schwierigkeiten der Zucht reiner Rappen und Silberschimmel. Ein Neapolitano mit zahlreichen braunen Nachkommen (20 Prozent) wurde von der Zucht ausgeschlossen, der Nachwuchs eliminiert. Es ist aber immer wieder damit zu rechnen, daß Braun und Schwarz als rezessive Erbfaktoren auch bei Paarungen von weißen Eltern entstehen.

1880 waren in der Spanischen Reitschule in Wien von 23 ausgebildeten Hengsten acht Braune. Das ist nicht nur ein Hinweis dafür, wie stark damals die braune Farbe in der Lipizzanerzucht vertreten war, sondern auch Erklärung dafür, daß sie trotz jahrzehntelanger Selektion in Lipizza und Piber nicht verdrängt werden konnte. Noch heute ist es Tradition, daß sich wenigstens ein Brauner unter den Schulhengsten befindet. Doch auch seine Eltern sind Schimmel, die in ihrer Erbmasse die genetische Anlage für Braun verdeckt tragen.

Zuchtprobleme einst und jetzt

Zur Verbesserung einer Zuchtlinie oder Rasse, zur Eliminierung negativer Eigenschaften oder für einen Typwandel gibt es in der Tierzucht im Prinzip zwei Wege. Der eine Weg ist die Reinzucht mit strenger Selektion innerhalb der Rasse auf die im Zuchtziel gestellten Merkmale, das heißt die Auswahl der besten Typen für die Zucht. Der andere Weg ist die Kreuzung, und

Presciana, geb. 1782, Sch., Klad.
Amorosa, geb. 1792, Sch., Klad.
v. Sanspareil, Original-Dänemarker
Plutona, geb. 1801, Sch., Kopčany
v. Pluto, Kst.

Plutona IV, geb. 1816, Sch., Kst.
v. Vezier, Araber
Sardinia, geb. 1827, Sch., Kst.
v. Maestoso Groczana, Kst.
Romana, geb. 1833, Sch., Kst.
v. Kohejl Hollihock, Anglo-Araber
Romana, geb. 1854, Sch., Kast.
v. Gazlan, Original-Araber
Romana, geb. 1871, Sch., Kst.
v. Samson, Original-Araber
Romana, geb. 1889, Sch., Kst.
v. Siglavy Malva, Kst.

Bellafiglia, geb. 1808, Sch., Kopčany
v. Maestoso Virtuosa, Kst.
Bellafiglia III, geb. 1820, Sch., Kopčany
v. Lipp, Kopčany
Primavera, geb. 1829, Sch., Kst.
v. Forester, Araber
Bona, geb. 1838, Sch., Kst.
v. Siglavy Africa, Kst.
Bona, geb. 1856, Sch., Kst.
v. Gazlan, Original-Araber

Bona, geb. 1875, Sch., Kst.
v. Neapolitano Mahonia
Bona, geb. 1881, Sch., Kst.
v. Favory Sessana, Kst.
Bonavia, geb. 1889, Sch., Kst.
v. Conversano Virtuosa, Kst.

Bonavoja, geb. 1872, Sch., Kst.
v. Favory Aversa, Kst.
Bonavoja, geb. 1888, B., Kst.
v. Neapolitano Bassovizza, Kst.

Stammbaum der Stutenfamilie Presciana (R. = Rappe, Br. = Brauner, Sch. = Schimmel, Kst. = Karster, Klad. = Kladruber)

zwar Einführen neuer erblicher Merkmale durch Vatertiere einer anderen Rasse. Zwangsläufig ist das Für und Wider beider Wege umstritten und mit Sicherheit ist auch in der Lipizzanerzucht die Entscheidung für den richtigen Weg nicht alternativ für die Reinzucht oder Kreuzung zu fällen. Die Reinzucht ist der risikolosere, aber in der Regel auch längere Weg zur Erreichung des angestrebten Zuchtzieles. Bei Zuführung anderer Genanteile kann man es gegebenenfalls schneller erreichen, man darf jedoch nicht gleich einen Erfolg in der ersten Generation erwarten und muß auch gewisse Nachteile mit in Kauf nehmen, wenn sich dafür gleichzeitig erwünschte Eigenschaften stabilisieren. In der Hand des erfahrenen Züchters ist diese Form der Zuchtmethode also kein Wagnis, die die Zucht gefährden könnte, sondern ein Mittel zum schnelleren Erfolg. Jedoch ist auch hier Selektion die notwendige Ergänzung. Der Züchter darf nicht auf den Augenblickserfolg warten. Er muß in Generationen denken und sich auf eine längere Zeitdauer einstellen.

Das Problem der Blutauffrischung wird immer wieder diskutiert. Als mögliche Varianten sind der Araber, Kladruber, Andalusier (Karthäuser) im Gespräch. Einige Fachleute lehnen die Zuführung fremden Blutes grundsätzlich ab, weil die genetische Basis in der Lipizzanerzucht mit den bekannten Hengststämmen und Stutenlinien im Gegensatz zu der des Kladrubers zum Beispiel breit genug sei um – wie es die Erfahrung gezeigt hat – nicht nur den Bestand der Rasse zu sichern, sondern auch die gewünschten Veränderungen herauszuzüchten. Andere Züchter empfehlen als Kreuzungspartner den Araber, das »Salz für die Pferdezucht«, um den Lipizzaner dem modernen Reittyp anzugleichen, den Kladruber, um Fundament und Rahmen zu verbessern, ihn kräftiger, höher zu züchten, sowie den Andalusier im Rückgriff auf die alte Ahnenreihe.

Ich bin der Auffassung, man sollte den Gedanken, andere Rassen in die Lipizzaner einzukreuzen, fallenlassen und den gegenseitigen Zuchtaustausch von Gestüt zu Gestüt intensivieren. Die Typdifferenzierung in den Lipizzanergestüten bietet jeder Zuchtvariante genügend Ansatzpunkte, die gewünschten Zuchtziele zu erreichen.

Die genetische Differenzierung der einzelnen Zuchten in den jeweiligen Ländern und Gestüten wird durch Blut- bzw. Serumgruppenuntersuchungen deutlich, die für die Überprüfung und Klärung strittiger Abstammungen angewendet werden. Bei den getrennt gezüchteten Lipizzanergruppen in Österreich, der Tschechoslowakei und in Ungarn fand Schleger bei der Darstellung genealogischer Rassenzusammenhänge, daß einerseits eine Zusammengehörigkeit der drei Lipizzanergruppen gegenüber anderen Pferderassen besteht, andererseits jedoch die Aufspaltung zwischen den Gruppen der seit mehr als 30 Jahren bestehenden züchterischen Trennung entspricht. Das beweist, daß man genügend genetisch differenziertes Material in den einzelnen Zuchten hat, um auf dem Weg des Zuchtaustausches die gewünschte »Blutauffrischung« zu realisieren, ohne auf die Zuführung von Genanteilen anderer Rassen zurückgreifen zu müssen.

Um den Lipizzaner mehr den allgemeinen Ansprüchen an ein Reitpferd anzupassen, hat man in der Zucht bewußt auf die Siglavy-Linie zurückgegriffen. Ihre Nachkommen lassen einen festeren, kürzeren Rücken, eine schräger gestellte Schulter und einen deutlicher hervortretenden Widerrist erkennen.

Der moderne arabisierte Typ mit guter Sattellage, weniger hoch aufgesetztem, längerem Hals und leichterem Kopf entspricht mehr den Anforderungen, die an den modernen Reittyp gestellt werden. In Piber hat man zur Erreichung dieses Zuchtzieles neben der Selektion auch die Zuführung artverwandter Gene in Erwägung gezogen. Einige Jahre wurde der 1965 geborene andalusische Hengst Honroso als Beschäler eingesetzt. Neben dem vergrößerten Rahmen und der verbesserten Schulterform soll die erbbiologische Basis erweitert werden. Die ersten Nachkommen dieser Versuchskreuzung sind zur Zeit in der Ausbildung. Ein abschließendes Urteil ist noch zu fällen. Nach neuesten Informationen sind zwei seiner Töchter in die Mutterstutenherde eingereiht worden, zwei Hengste stehen in der Ausbildung in der Spanischen Reitschule.

Kreuzungsversuche wurden auch in der Vergangenheit durchgeführt. 1870 wurde der original spanische Hengst Veridico, geboren 1860 in Aranjuez, in Lipizza als Beschäler aufgestellt. Sowohl nach der Körperform wie nach seinen Gangarten kam er der Lipizzanerrasse sehr nahe. Zwei Jahre deckte er im Gestüt. Nachdem aber seine Nachkommen die Erwartungen nicht erfüllten, wurden sie aus der Zucht entfernt.

Als das englische Vollblut seinen Siegeszug antrat, wurden auch wiederholt Englische Vollbluthengste zur Paarung verwendet. Ziel dieser Kreuzung war, dem Lipizzaner Größe zu geben und zugleich dem niederen Widerrist und

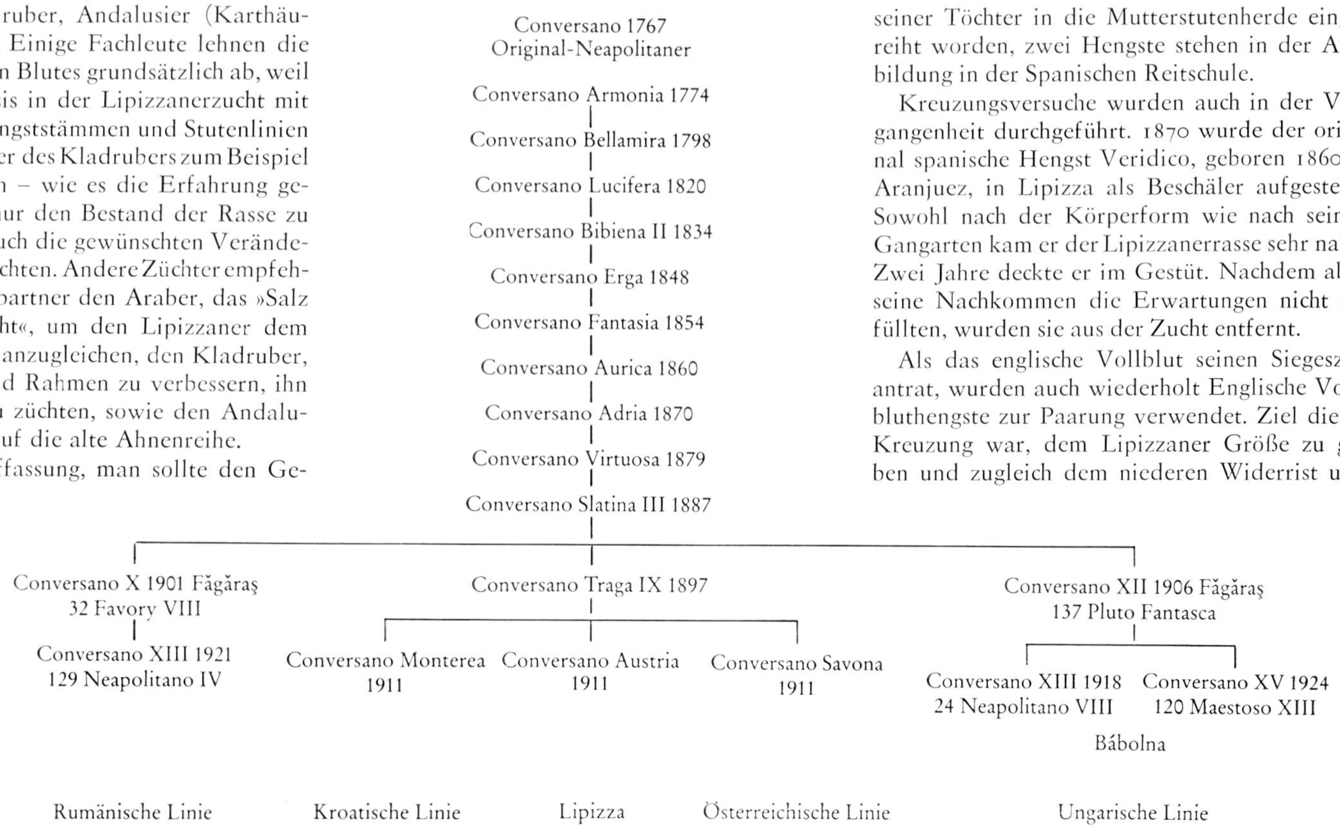

Die Entwicklung des Conversano-Stammes

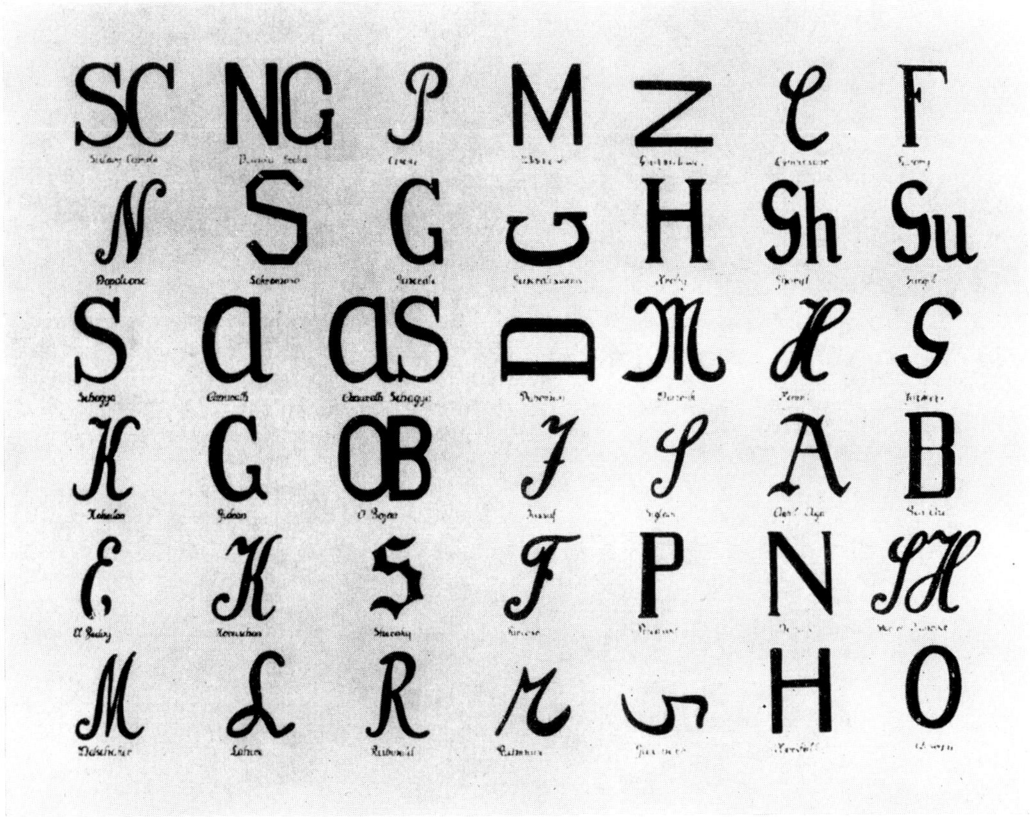

Alte Brandzeichen aus Topoľčianky. Hier handelt es sich um Abstammungsbrände

tiefen Rücken zu verbessern. So deckte der Schimmelhengst Northern light, geboren 1852 in England, ein gut geformter Hengst, Widerristhöhe 169 cm, in den Jahren 1865 bis 1870 60 Stuten. Die Nachkommen waren größer als die reinen Karster, ausdauernd und leistungsfähig. Aber die durch die Einkreuzung angestrebten Verbesserungen wurden nicht erzielt. Die Gänge wurden flacher. Negativ wirkte sich vor allem eine deutliche Verfeinerung des Knochenbaues und Fundamentes aus, so daß keiner der Nachkommen dieses Vollbluthengstes in die Stammherde aufgenommen wurde. Das Zusammenschmelzen der englischen und Karster Rasse ist nach dem Urteil von Wrangel unmöglich. Die Abweichungen vom Typ des Lipizzaners sind bei den Nachkommen so stark, ihre Gesamterscheinung so unharmonisch, daß seither nie wieder ernstliche Zuchtversuche in dieser Richtung unternommen wurden.

Dem Ziel, größere Lipizzaner speziell als Stangenpferde für Galawagen zu produzieren, diente im alten Lipizza der Kreuzungsversuch mit weißen Kladrubern. Fünf Schimmelstuten und ein Deckhengst standen dafür zur Verfügung. Nach zwei Jahren wurden diese Kreuzungen wieder eingestellt, da sie nicht den gewünschten Erfolg brachten. Auch in neuerer Zeit ist man immer bemüht gewesen, den Lipizzaner größer, höher zu züchten. So gelang es in Rumänien, in der Zeit von 1953 bis 1966 die Widerristhöhe von 150 auf 153 m zu steigern. In Ungarn ist man bemüht, die derzeitige durchschnittliche Widerristhöhe von knapp 155 cm zu halten.

Die im Verhältnis zu anderen Rassen geringe Widerristhöhe gleicht der Lipizzaner durch gute Formen, schöne Bewegungen und den gut aufgesetzten Hals aus. Dadurch scheint dieses Pferd immer größer als es in Wirklichkeit ist. Das ist besonders bei den Hengsten durch den schweren Kopf auf mächtigem Hals der Fall.

Häufig werden dem Lipizzaner zwei Fehler angelastet: Senkrücken und überbaute Kruppe. Die größere Kruppenhöhe verstärkt zusammen mit dem schwach ausgebildeten Widerrist den Eindruck der durchgebogenen Rückenlinie. Diese entsteht durch ein hohes Kreuzbein und eine massige, muskulöse Kruppe. Beide Merkmale sind aber für ein gutes Wagenpferd (Vorwärtsschieben bzw. -ziehen) und ein Schulpferd (Übungen der Hohen Schule, bei der das Tier die ganze Last auf dem hinteren Körperteil zu tragen hat) sehr vorteilhaft. Auch der niedrige Widerrist – bedingt durch sehr kurze Dornfortsätze der Wirbelknochen, steile Stellung des Schulterblattes und hoch angesetztem Hals – ist kein Fehler für ein Wagenpferd, im Gegensatz zum Reitpferd, bei dem die Körperteile, auf der die Hauptlast des Reiters ruht, kräftig sein müssen. Je mehr Araberblut daher dem alten Karster Stamm zugeführt wurde, um so mehr wurde die Widerristentwicklung in Richtung zum Reittyp beeinflußt.

Exterieurfehler müssen nicht unbedingt ererbt, sie können auch erworben sein. So wurden 1893 in Lipizza die Futterkrippen für Fohlen verändert. Bis zu diesem Zeitpunkt waren nur die für die kleinen Tiere viel zu hohen Hafertröge und Heuraufen der Stuten vorhanden. Die Fohlen konnten nur mit Mühe an das Heu gelangen und mußten dabei den Hals hochstrecken, eine Anstrengung, bei welcher sich der Rücken einsenkt, und hinter dem Widerrist vertiefte. Da Absatzfohlen bis zu einem Jahr mit trockenem Futter ernährt wurden und dabei bis acht Stunden täglich in dieser unnatürlichen Haltung standen, war oft schon im ersten Jahr das Exterieur der Fohlen deformiert. Als die Hafertröge nur 80 cm vom Erdboden entfernt angebracht wurden und man das Heu auf den Boden streute, gingen die Rückenfehler erheblich zurück.

Brandzeichen

Die genaue Kennzeichnung der Tiere hat in der Pferdezucht große Bedeutung. Ursprünglich als Eigentums- und Selektionsbrände entstanden, waren es später auch noch die Abstammungs- und Familienbrände. Brände sind eine Symbolsprache. Obgleich der Phantasie bei der Wahl der Symbole freier Spielraum gegeben ist, hat in der Pferdezucht der sachliche Ausdruck stets den Vorzug gehabt.

Man unterscheidet zwischen Gestütsbränden, Abstammungsbränden und Fohlenbränden, die alle beim gleichen Tier zu finden sein können. Bei Zuchtstuten kommt in der Regel noch die Zuchtbuchnummer als Halsbrand hinzu. Die Unterschiede der einzelnen Brandzeichen zwischen den Gestüten sind – abgesehen von der Siglavy-Linie – nur gering. Das liegt an den Buchstabenmodalitäten, den geringfügigen Abweichungen bei der Anfertigung der Brennstempel und an der Stellung des Brandeisens beim Brennen. Während zum Beispiel das N der Neapolitano-Linie in allen Gestüten eine völlig gleiche Schreibausführung hat, weichen das C und M des Conversano- und Maestoso-Stammes geringfügig voneinander ab. In Topoľčianky ist das gedruckte C dem geschriebenen mit einer Eröffnungsschleife gewichen, in Făgăraş und Szilvásvárad das kantige M dem geschwungenen. Gleiches gilt für das Favory-Zeichen im ungarischen Lipizzanergestüt.

Nach Gründung des tschechoslowakischen Gestütes Topoľčianky wurden auch die alten traditionellen Brandzeichen der Hengststämme bis auf zwei original übernommen. Sie bekamen eine Ergänzung durch einen zweiten Buchstaben. Das S der Siglavy-Linie wurde nach dem ersten Hauptbeschäler dieses Stammes, Siglavy Capriola, durch ein C erweitert, das N der Nachkommen von Neapolitano Gratia durch ein G. Beide Hengste hatten mit 24 bzw. 13 in der Zucht eingesetzten männlichen Nachkommen einen bedeutenden Anteil am Aufbau der Lipizzanerzucht. Bei Nachkommen anderer Deckhengste des Neapolitano Stammes wurde zum deutlichen Unterschied zur Linie Neapolitano Gratia ein liegendes N gebrannt. Während Topoľčianky nach dem zweiten Weltkrieg diese Änderung wieder annullierte, übernahm das rumänische Gestüt Sîmbăta de Jos mit dem 1938 eingeführten Siglavy Capriola I das Doppelbrandzeichen SC. Noch heute werden hier alle männlichen Nachkommen dieser Hengste so gebrannt.

Die Mutterzeichen des Pluto-Stammes bestehen in allen Gestüten aus einer geschlängelten Linie von unterschiedlicher Länge, eineinhalb (Szilvásvárad) bis drei (Piber) Wellenbewegungen. Sie soll das meerumflutete Dänemark und damit das Herkunftsland des Stammvaters Pluto symbolisieren. Auch die Erklärung des Pluto-Mutterbrandes als Seeschlangenlinie deutet auf das Ursprungsland hin.

Der weibliche Conversano-Brand, ein Kreis mit einem Strich, entsprechend der Herkunft ein Symbolzeichen aus einem neapolitanischen

Noch eine Brandzeichentafel aus Topoľčianky. Hier sind es Gestütsbrände

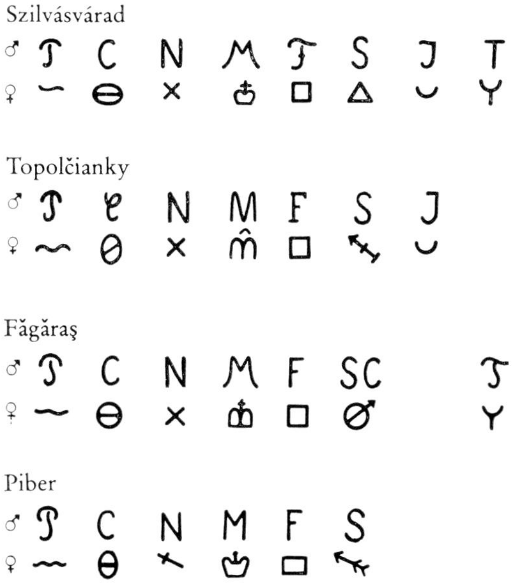

nellen Arabergestüt Bábolna, nicht auch als Lipizzanerbrand verwendet werden. Der Pfeil sollte der arabischen Siglavy-Linie vorbehalten bleiben. So stand man vor der Aufgabe, ein neues Brandzeichen festzulegen. Es sollte etwas ganz Neues, unverwechselbar und möglichst einfach sein. So kam man auf das Dreieck. Ob das Dreieckszeichen des Halbblutstammes Przedswit dabei Pate gestanden hat, ist nicht bewiesen. Eine Kommission legte diesen Brand fest. Er gilt noch heute in Ungarn für die mütterliche Siglavy-Abstammung.

Der weibliche Siglavy-Brand des rumänischen Lipizzanergestütes Făgăraş, ein Kreis mit einem Pfeil, ist mutmaßlich eine Kombination aus dem Conversano- und dem Siglavy-Stammbrand. Die erste Eintragung unter diesem Zeichen findet sich im Jahre 1947 im Hauptstutbuch von Sîmbăta de Jos. Für das Fohlen einer Stute der Siglavy-Capriola-Linie ist der neue Brand eingetragen. Bei derselben Mutterstute steht zwei Jahre zuvor lediglich das Zeichen »Kreis mit schrägem Querstrich«.

Der Tulipan-Brand symbolisiert eine Tulpe (lat. Tulipa), früher Zeichen für den ungarischen Freiheitskampf. Der Vaterbrand ist ein einfaches T, kantig in Szilvásvárad, geschwungen in Făgăraş.

Beim Incitato-Brand finden wir in den beiden Gestüten Szilvásvárad und Topoľčianky, in denen diese Linie noch besteht, die gleichen Zeichen, ein J für den Vaterbrand, eine halbkreisförmig geschwungene, nach oben offene Linie als Mutterbrand.

Neben den verschiedenen Brandformen gibt es zwischen den einzelnen Gestüten auch Unterschiede in der Wahl der Brandstellen. Der Gestütsbrand befindet sich bei den Pferden in Topoľčianky und Piber am linken Schenkel, in Szilvásvárad und Făgăraş in der rechten Sattellage, in Lipizza auf der linken Ganasche. Abstammungsbrände befinden sich stets in der linken Sattellage. Das Zeichen der Mutter steht zumeist unter dem des Vaters, nur in Szilvásvárad werden beide Brandzeichen nebeneinander gebrannt. Darunter steht die laufende Fohlennummer des jeweiligen Hengstes. In Topoľčianky, Făgăraş und Piber ist die rechte Sattellage die Stelle für den Fohlenbrand, im rumänischen Gestüt steht er unmittelbar vor dem Gestütsbrand. Lediglich Lipizza, das auf die Brandzeichen der einzelnen Linien verzichtet, brennt die laufende Nummer des Fohlenregisters in die linke Sattellage.

Vergleichende Darstellung der Lipizzaner-Brandzeichen in den einzelnen Gestüten

Gerade gebrannte Fohlen in Sîmbăta de Jos. Die Zahl in der rechten Sattellage gibt an, das wievielte Fohlen des jeweiligen Hengstes es ist

Der Lipizzaner in der Manege

Lipizzaner in der Manege,
Freiheitsdressur im Staatszirkus der DDR,
Dresseur Helmut Rudat

Zirzensische Kunst

Die etwa 13 m im Durchmesser betragende Manege ist der Mittelpunkt des Zirkus, der »Zirkel«. Um ihn dreht sich alles, bei den Freiheitsdressuren drehen sich in ihm die Pferde. Sie werden mit der langen Peitsche, der Chambiére, dirigiert, die etwa 5,50 m lang ist. Das ist der halbe Durchmesser der Manege, mitgerechnet der Arm des Dresseurs.

Schon seit altersher steht im Mittelpunkt eines klassischen Zirkusprogramms die Vorführung edler Pferde. Zirkus und Pferde, diese Begriffe sind eine Einheit. Sowohl einzeln als Schulpferd als auch in der Gruppe in einer Freiheitsdressur stellt der Lipizzaner in der Manege einen besonderen Glanzpunkt dar. Weiße Zirkuspferde – das ist immer wieder begeisternd für Jung und Alt.

Dressur, das bedeutet hartes Training, Einfühlungsvermögen, Eingehen auf die natürliche Veranlagung, Geduld und Liebe zu Tieren. Ein Mensch, der es zum Beispiel nicht schafft, den Tieren die Angst zu nehmen, kommt als Dresseur schwer zum Erfolg. Das Knallen der Peitsche bei der späteren Vorführung ist nur noch ein Achtungszeichen, das Touchieren ein Hilfsmittel der Dressur; gestraft wird dann nur noch mit der Stimme und einem kurzen, unerwarteten Berühren mit der langen Gerte. Das Vertrauen zueinander darf niemals gestört werden. Und doch ist der Dresseur Respektsperson. Schon durch seine Anwesenheit unterbindet er in der Manege die Rangkämpfe der Hengste untereinander. Ohne Aufsicht gibt es oft Wunden und dann Narben.

Auch Rappen und Braune haben neben den Schimmeln ihren festen Platz im Zirkus. Kraftvoll erheben sich die Steiger in einer Vorstellung des Zirkus Busch. Es sind aus Jugoslawien stammende braune Lipizzaner. Erst auf Kommando und beim Senken der Peitsche, des verlängerten Dressurarmes, fußen die Vorderbeine wieder auf. Eineinhalb bis zwei Jahre braucht ein Pferd, ehe es die Kraft und Balance gefunden hat, die ein guter Steiger benötigt. Das erfordert Kraft und Training. Mag »Weiß« bislang die manegenwirksamere Farbe gewesen sein, der Seltenheitswert der Braunen gleicht den Effekt aus. Auch im Zirkus steht der farbige Lipizzaner inzwischen gleichberechtigt neben seinen weißen Artgenossen.

Verhaltensstudien geben wichtige Aufschlüsse

Das Pferd ist ein Fluchttier mit Neigung zur Gruppen- und Herdenbildung. Die Umgestaltung der vorwärtstragenden Extremitäten, vom ursprünglichen Vierzeher zum Einzeher weist darauf deutlich hin. Die sogenannten Griffelbeine, zwei seitliche Knochenwülste am Röhrbein, zeugen noch heute als rudimentäre Organe von diesem Entwicklungsprozeß, der der schnelleren Fortbewegung dient. Wachsamkeit und Schnelligkeit sind bei Pferden besonders entwickelt, da sie jeder Gefahr durch Flucht ausweichen. Orte und Wege, die mit Gefahrerlebnissen verknüpft sind, wollen Pferde möglichst meiden, während sie »gefahrlose« Orte leicht im Gedächtnis behalten. So ist das regelmäßige Aufsuchen eines bestimmten Platzes im Stall neben der Gewöhnung als eine Art »Heimwirkung« im Sinne von Sicherheit aufzufassen. Dem Dresseur kommt das zugute, wenn seine Tiere die Manege im Verlaufe der Dressurarbeit als vertrauten Arbeitsplatz anerkennen.

Wo Tiere in die zirzensische Kunst einbezogen werden, ist die Kenntnis natürlicher Verhaltensformen von ausschlaggebender Bedeutung. Angriffs- und Abwehrreaktionen nimmt der erfahrene Dresseur als natürliche Bewegungsformen in die Dressur mit auf und baut sie aus. Angeborenes oder Triebverhalten wird in zirzensische Kunst umgewandelt. Der Mensch muß die natürlichen Anlagen erkennen und weiterentwickeln. So entstehen die bekannten Dressurbilder: Steigen, ursprünglich eine Form der kämpferischen Auseinandersetzung, Pirouette, aus der schnellen Wendung um die Achse der Hinterhand, um vor Biß und Schlag auszuweichen, oder Compliment, eine Figur, bei der ein oder beide Vorderbeine nach vorn ausgestreckt werden. In der Natur versucht der Hengst durch Biß in das Vorderbein des Gegners, diesen kampfunfähig zu machen, da die Angriffe meistens mit der Vorderhand geführt werden. Der Angegriffene versucht, durch Niederbeugen auszuweichen. In der Dressur ist das die Dankstellung für den Applaus.

Beim Betrachten der drei Hengste aus der Gruppe der braunen Lipizzaner von Siegfried Gronau erkenne ich deutlich das »Drohgesicht« bei den drei Steigern. Die Ohren legen sich nach hinten, oft so stark, daß man sie kaum sieht. Lider und Nüstern sind verkniffen, die Mund-

Übermut – am Morgen an der Longe

winkel verziehen sich etwas nach unten. Oft erscheint das Weiße im weit geöffneten Auge. Erhebt sich der Hengst in der Natur auf die Hinterbeine, um seinen Rivalen mit den Vorderhufen von oben zu treffen, hat er diese Drohgebärde. Der Ausdruck des Steigers in der Manege erinnert somit deutlich an die ursprüngliche Bedeutung dieser Verhaltensweise.

Zirkuskünstler erzählen

Günter Dorning, Siegfried Gronau und Helmut Rudat, drei Dresseure mit internationalem Ruf in dem Staatszirkus der DDR, sind meine Gesprächspartner. Sie berichten über ihre Erlebnisse mit Lipizzanern und bestätigen immer wieder: der Lipizzaner ist das Manegenpferd, vor allem in der Hohen Schule. Der Lipizzaner sei gelehrig und lernwillig, gutmütig und widersetzt sich selten. Man dürfe ihn aber nicht überfordern. Er sei sensibler als andere Pferde. Vielleicht brauche man daher mehr Zeit. Als spätreifes, langlebiges Tier sei er aber auch lange einsatzfähig. Er könne sich auf engstem Raum am besten bewegen. »Kein Pferd hat mir bei der Arbeit soviel Freude gegeben wie der Lipizzaner«, das ist der Ausspruch eines Kenners und Bewunderers dieser Rasse. Das gelte sowohl für die Ausbildung unterm Reiter in der Hohen Schule als auch für die Freiheitsdressur. Bei Letzterem besteht das Ziel darin, das Pferd in Freiheit, also ohne mechanische Verbindung zum Dresseur und Reiter, vorzuführen. Das Pferd zeigt so die Schönheit der Bewegungen ohne jeden sichtbaren Zwang.

Grundfragen der Dressur

Mit etwa drei Jahren kommen die jungen Hengste in der Regel zum Zirkus. Selten kennen sie schon Sattel und Reiter. Zunächst besteht die Arbeit im Longieren. An der Longe gewöhnt sich das Pferd, in losgelöstem, versammeltem Schritt zu gehen und mit der Hinterhand weit nach vorn zu greifen. Erst dann werden die Tiere eingeritten, gewöhnen sich an den Dresseur, den Tonfall seiner Stimme, an ihre Namen. Spätestens nach zwei Jahren müssen das neue Schulpferd oder die neue Freiheitsdressur manegereif sein.

In der Hofreitschule zu Wien wird dagegen in der Dressur nach ganz anderen Gesichtspunkten gearbeitet. Drei Monate lang werden

Der junge Conversano als Steiger – eine aus der Veranlagung entwickelte Dressur

Kämpfende Junghengste – Biß in die Vorhand

Parieren des Angriffs durch Niederbeugen

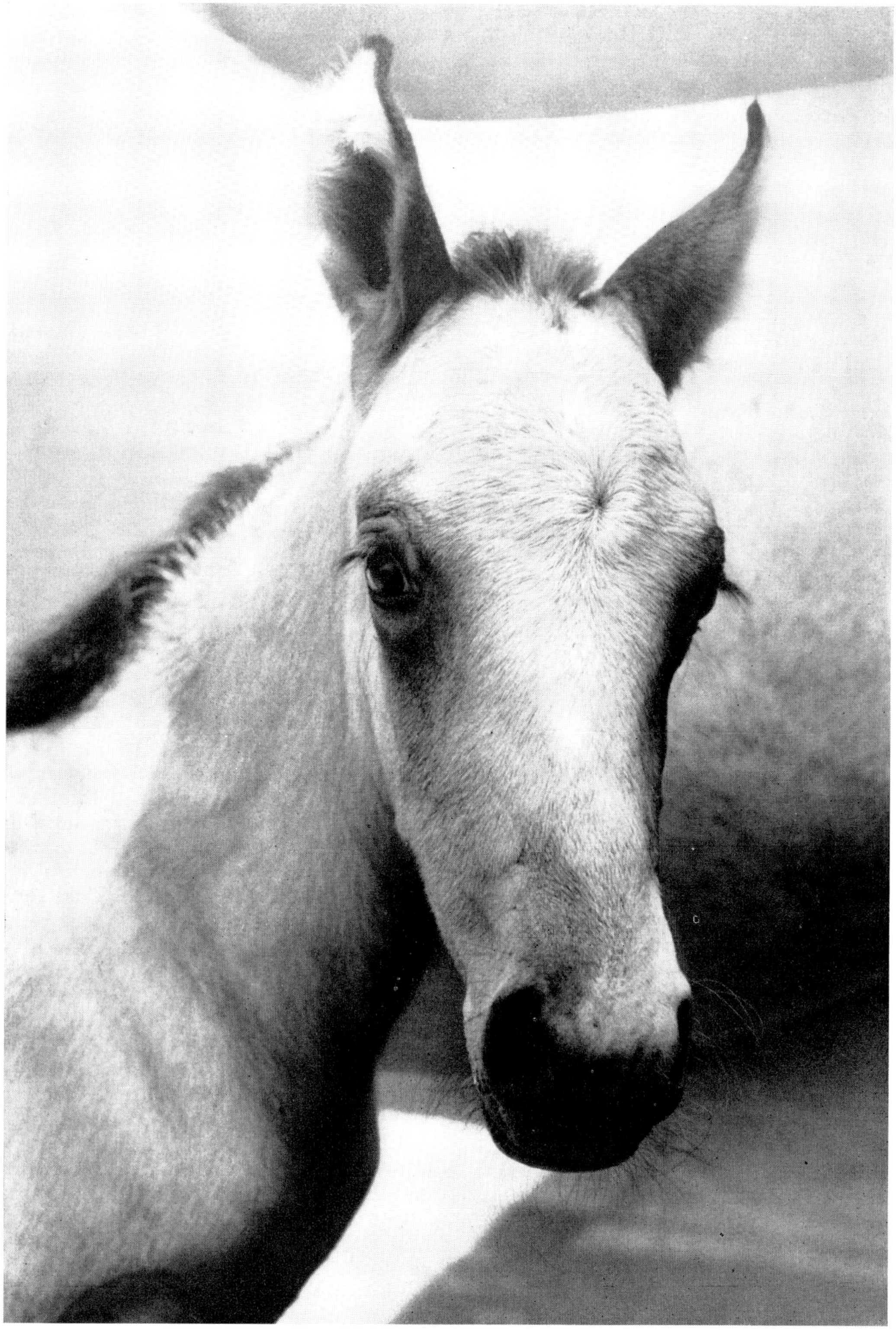

Nachwuchs für den Zirkus Praha. Hier ein wenige Wochen altes Hengstfohlen aus Topoľčianky

fen, Indientournee abgeschlossen!« So kehrten sie am Ende der Saison alle wieder heim – Maestoso VIII direkt nach Topoľčianky als Hauptbeschäler, zwei weitere in die Hengstställe des Staatsgestütes Horice und zwei zu den Kladrubern nach Slatiňany. Siglavy Capriola II aber blieb bei den Supkas.

Zu Supkas Erlebnissen gehört auch die Begegnung mit Franz Althoff, einem der Großen des Zirkus. Von ihm ist bekannt, daß er einen 60er Zug souverän durch die Manege dirigierte.

Supka zeigt dem begeisterten Pferdefreund und -kenner seine Tiere, Lipizzaner: Schneeweiße und Rappen. Althoff hat in seinem ganzen Leben noch keine schwarzen Lipizzaner gesehen, er zweifelt, läßt sich nur schwer überzeugen. Die weißen Lipizzaner, die strahlenden Schimmel und Silberhengste haben die Welt erobert, die farbigen stehen in ihrem Schatten. Wen wundert es, wenn Laie und Fachmann noch heute überrascht sind, auf den Weiden des Bükk- und Făgăraşgebirges neben den Weißen ein Gemisch von Schwarzen, Braunen und Grauen anzutreffen.

»Es gibt keine besseren Pferdecharaktere als die der Lipizzaner«, meint Anton Supka nach jahrzehntelanger Berufserfahrung als Dressurreiter. Das bestätigt vollauf die dem Lipizzaner nachgesagten Eigenschaften, wie gutmütig und gehorsam, treu und anhänglich, voll Temperament, doch ruhig und gelassen, gelehrig und intelligent, ausdauernd und genügsam. Wenn Anton Supka sagt: »Der Lipizzaner macht alles klassisch«, so ist das mehr als eine Feststellung oder gar ein Lob für diese Rasse. Es beinhaltet die Entwicklung und das Wesen des Lipizzaners, das Erbteil des alten spanisch-italienischen Pferdes, schlechthin die Klassifizierung als »Künstler« unter den Pferden. Der Lipizzaner ist und bleibt der Vertreter der klassischen Reitkunst, die ablehnt, vom Pferd etwas zu verlangen, was nicht von Natur aus in ihm fest angelegt ist. Die Pferde werden nicht abgerichtet, sie werden lediglich erzogen und im Training zur Vollendung geführt. Meister zu sein in der höchsten Vollendung, der Hohen Schule, das ist des Lipizzaners Renommee.

Capriole und Spanischer Tritt

Stolz berichtet der Sohn, Zdenek Supka, engagiert im Zirkus Praha, von seinen Pferden. Die fünf schneeweißen Lipizzanerhengste, zwei Brüder Favory II aus der Meva, ein Pluto IV und je ein Neapolitano V und VI, 1957 bis 1963 geboren, stammen alle aus Topoľčianky. Sie wurden vom Zirkus übernommen mit der Vereinbarung, daß sie bei Bedarf und Eignung jederzeit als Beschäler zurückbeordert werden können.

Ich beobachte die Probe und die Vorstellung, die Vorführung der Hohen Schule und das Ballett der weißen Lipizzaner und schwarzen Kladruber. Im Spanischen Tritt kreisen sie um die Manege. Edle Tiere präsentieren dem Betrachter Harmonie und Schönheit. Die Krönung der Vorstellung ist die Capriole, der wirkungsvollste Sprung der »Schulen über der Erde«. Gelöst springt das tänzelnde Tier aus dem Stand mit angezogenen Beinen senkrecht in die Luft. Bei waagerechter Körperhaltung schlagen die Hinterbeine kräftig aus, während die vorderen angewinkelt am Körper bleiben. Für Sekunden schwebt das Tier im Raum, ein faszinierender Anblick.

Gelegentlich sieht man einen Capriolensprung bei jungen Hengsten, die übermütig auf der Weide herumtollen. Es ist also ein natürlicher Sprung, eine natürliche Bewegung, in Freiheit Ausdruck von Wohlbefinden vielleicht – nun übernommen in die Dressur. Man gibt dem Tier den Zügel frei für einen Freudensprung. Dazu kommen die Hilfen des erfahrenen Reiters. Ich frage nach ihnen und der Vorbereitung für diesen vollendeten Dressurakt der Hohen Schule. Das Wichtigste: Zusammengehörigkeit des Reiters mit dem Pferd, Vertrauen zueinander und – die Arbeit muß dem Pferd Freude machen. Sind diese Voraussetzungen gegeben, sollte es anfangs gelöst, leicht tänzelnd in eine etwas gespannte, leicht nervöse Stimmung gebracht werden, die sich im gegebenen Moment in einem Freudensprung löst. Der aufbrausende Beifall, die Begeisterung des Publikums rings um die Arena werden von einem erfahrenen Zirkuspferd gebührend beachtet. Es trabt mit gewölbtem Hals und wehender Mähne, den Silberschweif leicht angehoben, im »Spanischen Tritt« seine Ehrenrunde. Der Lipizzaner bezaubert in seiner Schönheit und Kraft im Wechselspiel zwischen fast ungezügeltem Temperament und großer Beherrschtheit.

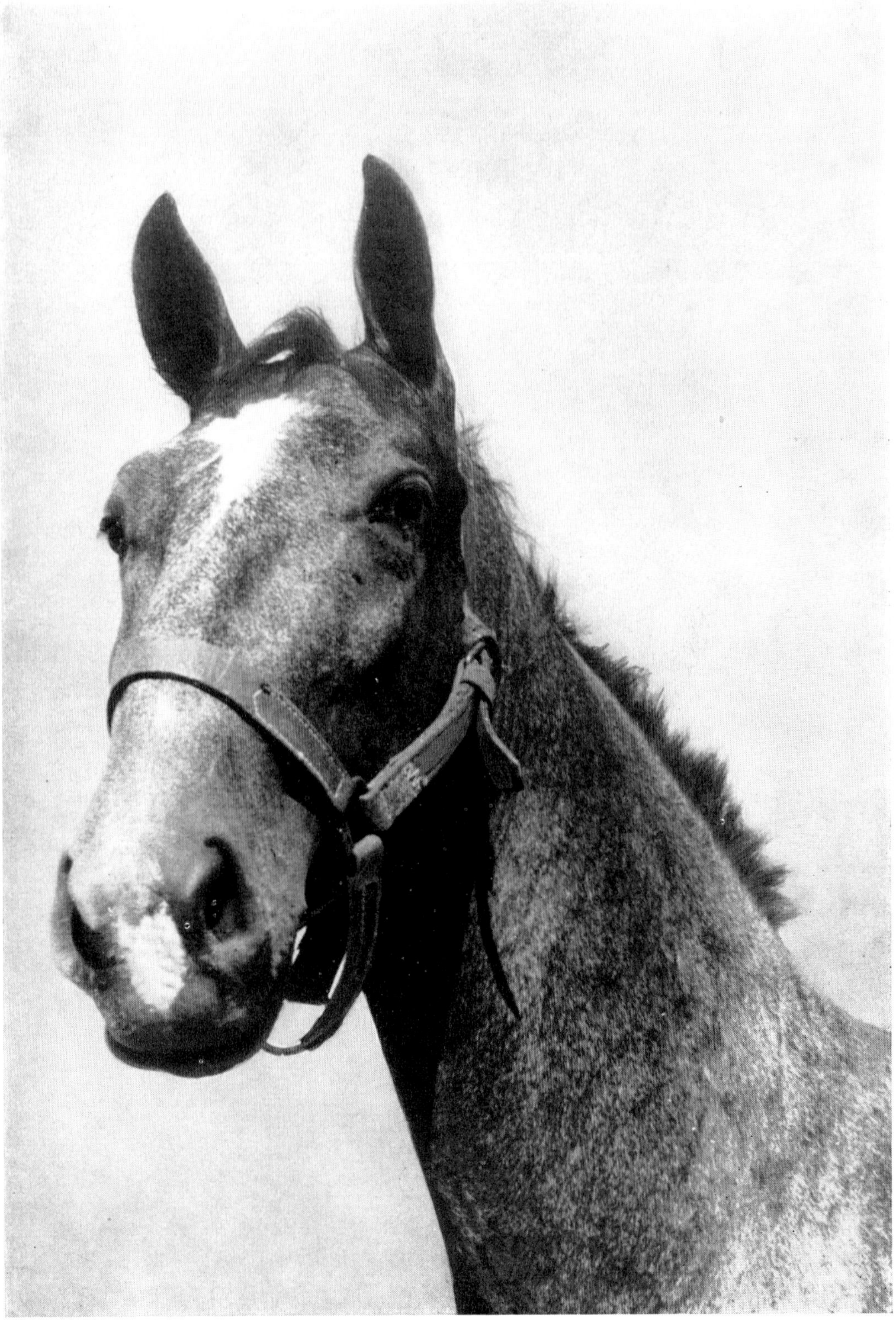

Zweijähriger Junghengst in Hostie

Die engsten Verwandten des Lipizzaners

Büste von Sacramoso XXVII vor dem Gestütsgebäude von Kladrub

Die Entstehung der Kladruber Rasse

Die Kladruber sind ebenfalls Pferde altspanisch-italienischen Ursprungs mit jahrhundertelanger Zuchttradition. Im Gegensatz zum Lipizzaner, dem leichten Kutsch- und Reitpferd, sind sie der schwere, größere Typ, kräftige Wagenpferde mit hoher Knieaktion, Karossiers.

Schon im letzten Drittel des 18. Jahrhunderts wurde beschlossen, die Zucht der halbschweren altitalienischen Wagenpferde nach Kladrub zu verlegen, während Lipizza weiterhin Pferde leichten Schlages, auch zum Reiten geeignet, liefern sollte. Der ehemalige Direktor des Hofgestütes Kladrub, Rudolf Motloch, kommentiert diese Entscheidung wie folgt, »Von da ab konsolidieren sich die beiden Gestüte zu selbständigen Familien und nennen sich Kladruber- und Lipizzanerrasse. Dies hat nur insofern eine Berechtigung, als trotz früher gemeinsamer Abkunft eine bedeutende Differenzierung in Größe und Masse entstanden ist.«

Seit Mitte des vorigen Jahrhunderts werden die Kladruber getrennt nach der Farbe, als Schimmel und Rappen gezüchtet. Ihren Namen verdanken sie der Zuchtstätte Kladrub. Ihre enge verwandtschaftliche Beziehung zum Lipizzaner dokumentiert sich nicht allein dadurch, daß zwei Linienbegründer der Lipizzanerrasse Kladruber Hengste waren, sondern auch durch laufenden Zuchtaustausch, Zuführung von Lipizzanern bis auf den heutigen Tag. Zwei der Stammmütter der fünf Kladruber Stutenstämme, Almerina und Africa, sind gleichzeitig Linienbegründerinnen der gleichnamigen Lipizzaner-Stutenfamilie.

Der Kladruber ist eine durch enge Familienzucht entstandene Rasse, deren Bestand im Durchschnitt kaum mehr als 100 Mutterstuten und zehn Deckhengste umfaßte. Als Stammvater gilt der 1764 in Italien geborene Rapphengst Pepoli. Sein Sohn, der Schimmelhengst Imperatore, zeugte im Gestüt Koptschau den 1787 geborenen General. Dieser kam 1799 nach Kladrub und vererbte ausschließlich seine weiße Farbe. Seine Söhne Generale und Generalissimus sind die Begründer der einzelnen Zweiglinien der Schimmelfamilien.

Als Stammväter der Schwarzen Kladruber gelten die beiden Rapphengste Sacramoso aus dem Gestüt Ries, 1809 und 1817 in Kladrub als Hauptbeschäler eingestellt, sowie der 1845 in Italien geborene Napoleone. Rappen gelten als nicht so edel wie die Schimmel. Im Spanischen

Generalissimus XXVII. Dieser prächtige Hengst vertritt die Weißen Kladruber

Tritt blieben sie an Anmut und Schnelligkeit hinter den Schimmeln zurück.

Auch der Kladruber ist wie der Lipizzaner ein spätreifes Tier. Er ist aber kräftiger, größer, massiger. Im Durchschnitt wiegt eine ausgewachsene Stute 625 kg, hat eine Widerristhöhe von 163 cm. Hengste sind etwas größer. Typisch sind der lange, in der Profillinie mehr oder weniger konkav gebogene Kopf, die oft starke Ramsnase und der hoch aufgerichtete Hals. Steile Schulter, geringe Brusttiefe, langer, mäßig gesenkter Rücken, kurze, etwas abfallende, aber breite Kruppe kennzeichnen den Körperbau. Das Fundament ist kräftig, der Gang von hoher Aktion. Als Zeichen ihrer Rasse tragen alle Weißen Kladruber auf der linken Ganasche ein eingebranntes K.

Sacramoso XXXVII im Einspänner

Generale XLIV, Pepinièrhengst in Kladrub

Die Herde der Weißen Kladruber

Das Gestüt Kladruby nad labem liegt zwischen Kolin und Pardubice am rechten Ufer der Elbe, 210 m über NN. Der Bestand an Weißen Kladrubern umfaßt derzeit vier Hauptbeschäler, 30 Stuten mit Nachzucht, insgesamt etwa 80 Tiere. Das in der Umgebung von Kolin vor zehn Jahren bestehende kleine Landeszuchtgebiet hat keine Bedeutung mehr, so daß die Reproduktion der Zucht und Erhaltung der Rasse allein dem Gestüt mit seiner kleinen Population obliegen. Dazu kommt als Aufgabe der Export von Wagen- und Reitpferden.

Der Anteil an Lipizzaneranteilen wird in der heutigen Herde der Weißen Kladruber mit etwa 20 Prozent angegeben. Das ist das Ergebnis entsprechender Vatertiere. 1952 wurde der Lipizzanerhengst Favory aus Bábolna importiert. Es war ein sehr starker, großrahmiger Hengst, Widerristhöhe 165 cm, als Lipizzaner für das damalige Zuchtziel zu mächtig, zu stark im Gebäude, korrekt im Fundament, trocken. Genetisch gefestigt, zeugte er erstklassige Nachkommen im gewünschten Typ. Bis zu seinem Tode im Jahre 1976 stand der 1953 geborene Favory IV als Hauptbeschäler im Gestüt. Auch in Zukunft plant man zur Genauffrischung die Zuführung von Favory-Blut aus dem gleichnamigen Lipizzanerstamm. So wurde 1977 der ungarische Lipizzanerhengst Favory XXII im Austausch gegen einen Vertreter der Linie Sacramoso für zwei Jahre in Kladrub aufgestellt. Als Favory IX wird er als Hauptbeschäler in den Zuchtbüchern der Kladruber Rasse geführt. Die Linien Generale und Generalissimus sind z. Z. in Kladrub durch die beiden 1960 geborenen Hauptbeschäler Generale XLIV und Generalissimus XXVII vertreten. Der 44. Vertreter der Linie Generale trägt in der linken Sattellage das Brandzeichen seines Vaters G 37 (Generale 37), darunter ein Lindenblatt, das Brandzeichen seiner Mutter aus der Linie Generalissimus. Es ist der einzige Hengst ohne Lipizzaneranteil.

Der 27. Vertreter der Linie Generalissimus trägt in der linken Sattellage das Brandzeichen seines Vaters, das liegende G mit der 23, darunter das Favory-Zeichen der Mutter. Er ist im Typ sehr gut ausgeprägt, knochig, tief und breit. Die Generalissimus-Linie war von jeher die typischste der Kladruber Schimmelstämme. Die Körperform ist deutlich vom Lipizzaner beeinflußt. Der mit 16 Jahren beginnende Senkrücken ist nicht fehlerhaft. Eine Besonderheit dieser

Linie ist, daß Blut und Name vom 23. Vertreter dieses Stammes an von der Mutter kommen, andernfalls wäre diese Linie ausgestorben. Der Vater des jetzigen Generalissimus stammt also mütterlicherseits aus dieser Linie, übernahm aber von ihr den Namen.

Der vierte Hauptbeschäler, Sacramoso XXXVII, ist 1969 geboren. Mütterlicherseits stammt er aus der Favory-Linie. Seine Bedeutung für die augenblickliche Zucht ist nur gering. Er wird hauptsächlich eingesetzt, um die Linie zu erhalten. Die Sacramosos waren ursprünglich Rappen, seit dem zweiten Weltkrieg wurden sie nach dem Einsatz von Sacramoso XXX als Hauptbeschäler in Kladrub Schimmel und sind es nun schon in der dritten Generation.

Als männliches Brandzeichen für den Stamm

Schon das Fohlen auf der Weide von Kladrub läßt deutlich die typische Ramsnase erkennen

Generalissimus XXVII vor dem Eingang zum Hengststall in Kladrub

Solo IV – Deckhengst in Slatiňany

Generale verwendet man das stehende G, als weibliches Zeichen einen Halbkreis, für den Stamm Generalissimus das liegende G bzw. das Lindenblatt, für den Stamm Sacramoso das stehende kantige S bzw. ein Rechteck mit senkrechtem Strich. Bei der Favory-Linie wurden die gleichen Zeichen wie bei den Lipizzanerbränden übernommen. Die Schimmelfarbe dominiert so stark, daß in 24 Jahren nur zwei Fohlen mit brauner Farbe geboren wurden.

Zur Zeit steht neben den erwähnten Hauptbeschälern noch der aus Portugal importierte Lusitaner-Hengst Rudolfo für Zuchtversuche zur Verfügung. Er ist ein Vertreter jener Rasse, die noch heute den andalusischen Anteil der Ahnen nicht verleugnen kann. Anhand der Nachkommen wird man wissen, ob dieser Versuch zur Verbreiterung der Blutbasis erfolgreich ist.

Die Schwarzen Kladruber in Slatiňany

Nach dem ersten Weltkrieg begann der Niedergang der Zucht der Kladruber Rappen. Sie hatte sich von jeher auf wenige kleine Zuchtstätten kirchlicher Würdenträger und auf die Herde in Kladrub beschränkt. Diese wurde in den 20er Jahren aufgelöst. Das Schicksal der Schwarzen Kladruber schien besiegelt.

Für die Landeszucht hatten die Kladruber nie Bedeutung. Als großes, kräftiges, in seiner Kopfform nicht immer schönes Pferd mit hohem Futterverbrauch war es selbst in unmittelbarer Umgebung des Gestüts bei den Bauern kaum gefragt.

Um diese Rasse vor dem Erlöschen zu bewahren, wurden in den Jahren 1939 bis 1941 die Reste der Schwarzen Kladruber gesammelt. In Pruhonice bei Prag begann man unter fachlicher Leitung von Prof. Bilek mit der Regeneration der Kladruber Rappen. Nur spärliche Reste standen zur Verfügung, sechs reinrassige alte Stuten und drei Hengste. Es waren Söhne des letzten Hengstes Sacramoso XXIX, drei Halbbrüder, von denen Sacramoso XXXI nach nur

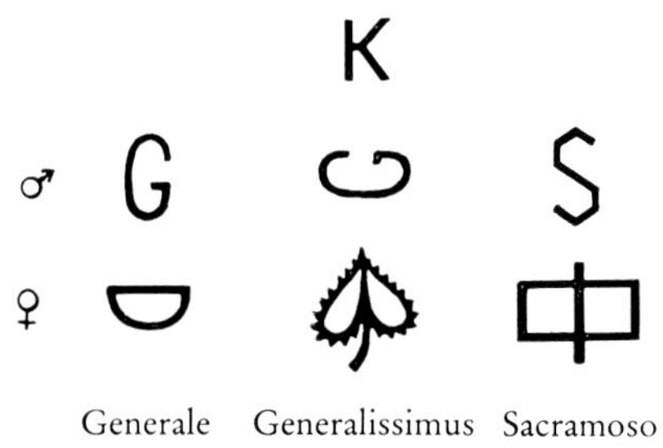

Brandzeichen des Gestüts Kladrub

kurzem Einsatz seiner Halbbrüder in der Zucht allein übrigblieb. Er erhielt den Namen Solo, hinterließ 89 Fohlen und wurde Stammvater der Solo-Linie in Slatiňany.

Die noch vorhandenen sechs reinrassigen Mutterstuten waren zu alt und damit für die Zucht unbrauchbar. Zur Regeneration verwendete man daher ausgewählte Kladruber Schimmelstuten, insbesondere Grauschimmel mit Rappblutanteil im Stammbaum. Zusätzlich wurden zur Verbreiterung der Zuchtbasis Lipizzanermutterstuten eingestellt, insbesondere große, kräftige Tiere mit hohem Blutanteil der Favory- und Maestoso-Linie, also der Stämme, deren Stammväter seinerzeit aus Kladrub kamen.

Als Vatertiere verwendete man später einen Orlow-Traberhengst und einen jugoslawischen Importhengst, Siglavy Pakra. Vom ersten Kreuzungsversuch blieben eine Stute und der Deckhengst Solo V als Zuchttiere im Bestand, vom zweiten Siglavy Pakra I, geboren 1965, der noch heute neben den Hengsten Solo IV und V als Hauptbeschäler im Gestüt steht. Auch Noniusblut wurde zur Regeneration verwendet. Der Deckhengst Nonius XLV, Sohn des aus der Slowakei stammenden Hauptbeschälers Nonius XXX und einer Stute mit gleichen Teilen Kladruber- und Lipizzanergenanteilen wurde in die Herde eingereiht. Er zeugte 30 Fohlen. Von seinen Nachkommen stehen noch heute Mutterstuten in der Stammherde der Schwarzen Kladruber in Slatiňany.

Als Brandzeichen werden in Slatiňany das liegende kantige S für den Stamm Solo und die Buchstaben SP für Siglavy Pakra verwendet. Gebrannt wird in die linke Sattellage, die Pepiniĕrnummer steht in arabischer Ziffer hinter dem Vaterbrand. Darunter findet man bei Fohlen von Müttern mit mindestens 50 Prozent Kladruber-Anteil zusätzlich den Familienbrand des Kladruber Rappen, ein Rechteck mit senkrechtem Strich. In der rechten Sattellage steht die laufende Fohlennummer des jeweiligen Beschälers.

Seit 1946 sind die Kladruber Rappen, getrennt von den Schimmeln, in Slatiňany, 15 km südlich von Pardubice, untergebracht. Ihre Zucht wird überwacht von der Forschungsstelle für Pferdezucht der Landwirtschaftsakademie, deren Aufgabe es ist, die Regeneration der Schwarzen Kladruber und die Erhaltung dieser Rasse zu sichern. Zur Verbreiterung der zu engen Blutbasis dient der Versuch, den aus Holland importierten, im altspanischen Typ stehenden neunjährigen friesischen Hengst Romke einzusetzen. Die Romke-Nachkommen sind durch ein R gekennzeichnet. Der erste Sohn, der in der Zucht eingesetzt ist, wurde als Romke I gebrannt.

Jahrelange intensive Zuchtarbeit hat sich gelohnt. Die Regeneration der Kladruber Rappen ist gelungen, wenn auch die neuen Schwarzen Kladruber als Folge der Lipizzaner-Einkreuzung nicht ganz so robust und nicht ganz so stark sind wie die »Altkladruber«. In dem Bestand von etwa 100 Kladruber Rappen stehen zur Zeit 36 Mutterstuten und vier Hauptbeschäler. Etwa zehn Stuten sind noch auf den Staatsgütern der näheren Umgebung registriert. In den Deckstationen der Landeszucht werden keine Schwarzen Kladruberhengste verwendet.

Mutterstuten in Slatiňany

Drei Kladruber Stuten in der typischen altrussischen Anspannung, der Troika. Das Mittelpferd geht im Trab unter dem Krummholz, der Duga, das die Deichselgabeln miteinander verbindet. Die beiden Seitenpferde sind nach außen angebunden und galoppieren

Das Pferdemuseum von Slatiňany. Im Park die Bronzestatue eines Pferdes aus der Hand des Bildhauers Kafka

Weiße Kladruber-Hengste in der traditionellen Sechseranspannung

Begegnung mit Professor Michal

Das Zusammentreffen mit dem fast 80jährigen Professor für Tierzucht der Universität Brno war für mich sehr reizvoll. Vor mir stand ein sehr aktiver, rüstiger alter Herr, der noch immer Studenten und Zuchtverbände betreute. Vor gut 50 Jahren hatte er als noch junger Wissenschaftler eine größere Arbeit über die gesamte Lipizzanerzucht verfaßt. Er war in all den Jahren sehr eng mit der Zucht des Lipizzaners und Kladrubers verbunden. Er, seit 1946 Referent für Pferdezucht im Ministerium, war es, der nicht locker ließ, bis er alle Widerstände überwand und 1952 in Bábolna den alten Favory für die Weißen Kladruber kaufte. Eigentlich war der Hengst schon zu alt und die ersten Anzeichen eines später tödlichen Analmelanoms (Tumor in der Aftergegend) waren schon sichtbar. Aber Professor Michal erkannte genau, daß nur dieser Hengst die Zucht in Kladrub erfolgreich befruchten konnte, und er behielt recht. Auf diesen Beschäler ist der Lipizzanergenanteil zurückzuführen, ohne den die Zuchtbasis viel zu eng wäre.

Auch 1965 war Profesor Michal erfolgreich beim Einkauf in Jugoslawien. In Topoľčianky war die Conversano-Linie ausgestorben, man suchte möglichst einen Schwarzen. In Đakovo wurden ihm zwei Rappen vorgeführt, die er mitnahm, Siglavy Pakra, im Exterieur der bessere, und Conversano Stana. Beide wurden für Topoľčianky gekauft. Das Gestüt wählte den zweiten. Es war nicht der Typ des alten Lipizzaners, auch seine Söhne kommen mehr dem modernen Reittyp nahe.

Siglavy Pakra kam eigentlich mehr durch Zufall, weil er übrigblieb, nach Slatiňany zu den Schwarzen Kladrubern, die so dringend einer Genauffrischung bedurften. Er wurde hier der Stammvater einer neuen Linie.

Anerkennend waren Professor Michals Worte über Professor Bilek. Mit so wenig Material die Regeneration einer Rasse durchzuführen, das wäre schon eine große züchterische Leistung. Daß dennoch Schwierigkeiten bestehen, sei nicht zu leugnen. Es bedürfe also ständiger Anstrengungen, um der Arbeit von Bilek auch in Zukunft den Erfolg zu sichern.

Das Pferdemuseum in Slatiňany

Die Fahrt nach Prag auf der Europastraße 15 über Kolín bis Čáslav führt von dort in Richtung Pardubice nach Slatiňany. Das im Anfang des vorigen Jahrhunderts aus den Resten einer mittelalterlichen Festung erbaute Schloß im klassizistischen Stil beherbergt ein Museum, das den Pferden gewidmet ist, ihrer stammgeschichtlichen Entwicklung, der Vielfalt ihrer Rassen, ihrer Bedeutung im Verlauf von Jahrhunderten und ihres Einflusses auf die Kunst. Die ausgedehnte Bibliothek ist eine Fundgrube hippologischer Literatur. Sie steht nicht nur der im Nachbargebäude untergebrachten Výzkomná stanice pro chov koní Slatiňany, der Forschungsstelle für Pferdezucht, zur wissenschaftlichen Nutzung zur Verfügung, sondern auf Antrag auch jedem ausländischen Gast. Das Pferdedenkmal im Schloßpark stellt eine Studie des Bildhauers Kafka für das Prager Zizkamonument dar.

In dem hippologischen Museum von Slatiňany, das wohl in der Welt kaum seinesgleichen findet, haben auch die Lipizzaner einen Ehrenplatz. Ihre Ahnen, Andalusier und Neapolitaner, sieht man auf vielen Abbildungen, Kupferstichen und Gemälden, als Schecken, Falben, Füchse, Rappen, gesprenkelte Schimmel und Schabrakkentiger mit schöner Mähne, mit Schwanenhals und edlem Gang. Zusammen mit den Kladrubern sind sie die Nachfahren der alten Spanischen Rösser.

Das Friesenpferd

Die Verwandtschaft der »Schwarzen Friesen« zur Familie der altspanischen Pferde wird jedem Betrachter augenscheinlich, wenn sie im spanischen Tritt in voller Aktion vorübertraben. Mögen sie auch auf Grund ihrer stämmigen Statur und Urwüchsigkeit völlig zu Unrecht gelegentlich für Kaltblüter gehalten werden. In ihren Adern pulst aber dasselbe altspanische Blut wie bei Lipizzanern und Kladrubern. Sie erinnern in ihrem Exterieur noch am meisten an das ideale Kriegs- und Schulpferd des 16. und 17. Jahrhunderts, ein kraftvolles Pferd, mit feinem, trockenem Kopf, starkem, gebogenem, hochaufgesetztem Hals, breiter Brust, muskulöser Kruppe, gut bemuskelten Hintergliedmaßen mit stark ausgeprägten Gelenken und hoher Sprungkraft.

Das Friesische Pferd gehört zu den ältesten Pferderassen Europas. Das bodenständige germanische Pferd, insbesondere dessen Variante, das urfriesische Warfenpferd – Messungen an Pferdeschädeln, gefunden in den Erdaufschüttungen für den Häuserbau, den sogenannten

Repräsentativer Zwanziger-Zug der Weißen Kladruber auf dem Gestütshof vor dem Direktionsgebäude

Die Zügelführung auf dem Geschirr des Stangenpferdes der Zwanziger-Anspannung verdeutlicht die Kompliziertheit einer solchen Paradeanspannung

Warfen, ergaben deutliche Unterschiede zum Kaltbluttyp der Nordseeküste – wurde durch orientalische Blutzufuhr veredelt. Dem Andalusier als spanischem Urahn der »Schwarzen Friesen« kommt dabei im 16. und 17. Jahrhunderts die Hauptbedeutung zu. Viele spanische Hengste wurden in die Niederlande gebracht. Das Friesenpferd bekam seinen guten Ruf als Schulpferd und Karossier mit hohem Kniebug und starker Hankenbiegung. Hengste dieser Rasse wurden sogar in andere Zuchtgebiete des altspanischen Pferdes exportiert, unter anderem wiederholt ins Königlich-Dänische Gestüt Frederiksborg, das damals zu den bekanntesten europäischen Zuchtstätten gehörte.

Alle im Laufe der Jahrhunderte erlassenen Verordnungen und Gesetze zur Förderung der Zucht konnten nach fast 300 Jahren Reinzucht nicht verhindern, daß der Bestand der Friesen, die nicht mehr den modernen Ansprüchen der Käufer genügten, immer mehr zurückging. Auch die Gründung eines Stammbuches des friesischen Pferdes im Jahre 1878 brachte nicht den erwünschten Erfolg. Die Absatzverhältnisse verschlechterten sich immer mehr, ebenso die züchterischen Bedingungen durch Einkreuzungen von Oldenburgern und Ostfriesen und durch die Herausbildung des sogenannten Boverländer Pferdes mit eigenem Stammbuch. Insbesondere in den nördlichen Provinzen Dreuthe, Groningen wurde die friesische Rasse völlig verdrängt. So standen 1913 in Friesland nur noch drei Beschäler. Die Rettung kam in letzter Minute, als die friesischen Züchter zur Erhaltung der Rasse den Verband »Het Friesche Paard« gründeten. Allmählich ging es mit der Zucht des Friesenpferdes wieder aufwärts, die Qualität verbesserte sich, ihre Zahl wuchs. Zur Zeit wird die Gesamtzahl der friesischen Pferde auf etwa 4 000 Tiere geschätzt. In dieser Zahl ist auch die Zucht außerhalb des Stammbuches mit enthalten. Man ist streng darauf bedacht, den Friesen in Reinzucht zu erhalten. Die heutigen Friesenpferde sind ausnahmslos Rappen. Als Abzeichen sind nur Flocke oder Stern gestattet. Die schwarze Farbe wurde schon immer bevorzugt, allerdings gab es in früheren Jahren auch Braune, vereinzelt sogar Schimmel und Füchse. Um die Jahrhundertwende ging der Anteil der Braunen auf 10 % zurück. Die letzte braune Stute wurde 1928 registriert. Seither dominiert die schwarze Farbe.

Als Zuchtziel gilt ein nicht zu schweres Warmblutpferd mit energischen Bewegungen, das viel-

Schwarze Friesen in ihrer Heimat vor der zweirädrigen Friesenchaise (Foto: Friesenverband)

seitig verwendbar ist. Lange Mähne, buschiger Schweif, dichter Kötenbehang – die »Federn« an den Beinen – das sind die Äußerlichkeiten, die die Friesen kennzeichnen. Das Stockmaß beträgt bei den Stuten 154 bis 158 cm, bei den Hengsten 158 bis 162 cm. Der relativ kleine Kopf mit geradem oder leicht konkavem Profil und kleinen Ohren wird getragen von einem stark gebogenen, hochaufgesetzten Hals, der deutlich an den schönen Schwanenhals seiner Urahnen erinnert. Wie auf den idealisierten alten Stichen früherer Jahrhunderte wirken Rumpf und Körper, die breite Brust, die stark bemuskelte Vorhand und die muskulöse, ausreichend lange, gespaltene Kruppe stark und kräftig. Dieser Gesamteindruck wird noch unterstrichen durch die gut bemuskelten Hinterbeine und ihre ausgeprägten Gelenke.

In der Provinz Friesland wurden die kräftigen, großrahmigen, aber auf ihre Art doch edlen Rappen als nützliche Arbeitspferde auf den Bauernhöfen noch bis in die 60er Jahre gehalten. Heute sind sie mehr oder weniger durch Maschinen verdrängt, haben dafür aber um so mehr ihren Platz gefunden als Sport- und Kutschpferd. Stark im Zug, ausdauernd im Schritt und ruhig im Trab besitzen die Friesenpferde eine hervorragende Eignung als Wagenpferd. Der Friese ist ein idealer Karossier.

Züchterisch mag der Trend zum etwas leichteren, schlankeren, reitgerechteren gehen. Schon im vorigen Jahrhundert unterschied man vom schweren einen kleinen, trockeneren Typ des Friesen. Das Ziel bleibt der mittelschwere großrahmige Urtyp. Er soll in seiner typischen Bewegungsform mit hoher Knieaktion und starker Hankenbiegung erhalten bleiben.

Im Reitsport hat sich der Friese für Hobby- und Freizeitreiter als trittsicheres Geländepferd erwiesen. Er ist gutartig, lammfromm und gelehrig. Auch in der Dressurreiterei kann er eingesetzt werden. Als Springpferde sind die schweren Rappen allerdings nicht geeignet. Der leichte Typ wird zwar im Gelände Naturhindernisse überspringen, höher als 1 m sollte man ihn aber nicht fordern.

Früher war das Friesenpferd allgemein als »Harddraver« bekannt, ein Zeichen dafür, daß es sich durch Schnelligkeit im Traben auszeichnet. So verwundert es auch nicht, daß die Mutter des Stammvaters der Orlow-Traberrasse, Bars I, eine holländische Stute war. Es ist bekannt, daß schon Ende des 17. Jahrhunderts Trabrennen volkstümlichen Charakters durchgeführt wurden. Die Tiere gingen damals zumeist unter dem Sattel über kurze Distanzen, 300 bis 400 m. Erst im 19. Jahrhundert löste die Anspannung vor der »Sjees«, der zweirädrigen Friesenchaise, die Prüfung unter dem Sattel ab. Traditionelle Trabrennen auf dem Eis mit Schlitten sind heute noch in Friesland üblich. Daß die Friesenpferde trotz ihres altspanischen, wenig raumgreifenden, durch hohe Aktionen gekennzeichneten Trabes überhaupt zu Trabrennen geeignet waren, läßt sich nur verstehen, wenn man weiß, daß sie ihre Beine ungemein schnell bewegen können. Der Trab erweckt dabei durch die schnelle Folge des Auffußens der Hufe und wegen der fehlenden Schwebephase den Eindruck einer rollenden Bewegung.

Das Hauptzuchtgebiet liegt in Friesland, der nördlichsten Provinz der Niederlande. Die Zucht wird ausschließlich privat betrieben. Es bestehen sieben regionale Zuchtvereine, davon drei außerhalb Frieslands. Der Stammbuchverband zählte 1981 etwa 1500 Mitglieder mit 1513 eingetragenen Stuten und 1409 Jungtieren. Von den 22 gekörten Hengsten stehen nur vier außerhalb Frieslands, davon einer in der Station für künstliche Besamung der Tierärztlichen Hochschule Utrecht. Ein 1926 eröffnetes Vorregisterbuch ist seit dem Jahre 1977 geschlossen. Hier wurden seinerzeit Stuten registriert ohne vollen Abstammungsnachweis und solche mit Exterieurmängeln, z. B. weißen Abzeichen an den Beinen. Hengste solcher Mütter werden zur Körung nicht zugelassen.

Alle zur Zucht bestimmten Jungtiere werden durch eine Tätowierung unter der Zunge gekennzeichnet. Bei der Selektion der Hengstanwärter werden in den entsprechenden Altersstufen so hohe Anforderungen gestellt, daß von

Neun Jahre alter Friesenhengst im typischen Gesamtausdruck (Foto: Friesenverband)

den 20 verbliebenen dreijährigen Junghengsten eines Jahrganges im Frühjahr etwa 3 bis 4 vorerst für ein Jahr gekört werden. Im Herbst des gleichen Jahres absolvieren sie einen 50tägigen Trainingskurs in der Zentralen Hengstprüfungsanstalt. Hier werden zum Abschluß eine Reit- und Fahrprüfung abgelegt, die Zugleistung beurteilt, desgleichen Charakter, Stall- und Trainingsverhalten. Bewertet wird nach einem Punktschema. Nach gut bestandener Prüfung wird der Hengst in das Hengstbuch eingetragen. Das Mindeststockmaß muß 158 cm, ab viertem Lebensjahr 160 cm betragen. Auf die linke Halsseite bekommt er den Stammbuchbrand F.

Im vierten Deckjahr wird die Nachzucht beurteilt zur Feststellung der Erbwertklasse. Die Deckerlaubnis kann für weitere drei Jahre erteilt werden, wenn die Nachkommen dem Zuchtziel entsprechen. Bei ungenügender Vererbung wird der Hengst abgekört. Bei weiteren Nachkörungen und Beurteilung der Nachzucht kann der Hengst in eine höhere Erbwertklasse aufsteigen. Ältere Beschäler können auf Grund ihres besonderen Zuchtwertes die Qualitätsstufe »Präferent« erhalten. Das bedeutet Körung auf Lebenszeit. Ihnen wird zusätzlich über das F eine Krone gebrannt. Solche Spitzenvererber bleiben oft bis zu 20 Jahren im Deckeinsatz. Auch die zur Zucht bestimmten Jungstuten werden nach strenger Selektion auf vorangegangenen Fohlenschauen im Alter von 2,5 bis 3 Jahren nach vorheriger Beurteilung ins Stutbuch eingetragen. Auch sie erhalten auf der linken Halsseite ein F. Ihr Mindestmaß beträgt 150 cm. Vom dritten Lebensjahr an besteht allein nach der Exterieurbeurteilung die Möglichkeit einer höheren Einstufung zur sogenannten Sternstute, Zusatzbrand S. Die Voraussetzung dafür ist ein Mindestmaß von 155 cm. Vom siebenten Lebensjahr an können FS-Stuten mit einem Stockmaß von 158 cm, nach dem Bestehen einer Reit- und Fahrprüfung als Qualitätsstufe »Model« eingetragen werden. Der Brand M steht ebenfalls auf der linken Seite neben dem FS-Brand. Eine Krone über dem F bedeutet wie beim Hengst Körung auf Lebenszeit.

Wie in jeder Familienzucht mit einem relativ kleinen Zuchtgebiet und einer geringen Anzahl von Zuchttieren, bestehen auch beim Friesenpferd Inzuchtprobleme. Durch die Gründung des Stammbuches war es möglich, bestimmte Blutlinien zu verfolgen. Bei den Stuten konnten sich 40 alte Linien behaupten, bei den Hengststämmen bildeten sich sechs heraus, die für die Zucht Bedeutung hatten. Während im Jahre 1900 die 13 im Einsatz stehenden Deckhengste vier verschiedenen Linien angehörten, führen seit 1915 alle Beschäler ihre Abstammung auf den 1885 geborenen Hengst Nemo 51 zurück.

Verwandtschaftszucht wurde und wird heute zwangsläufig noch immer angewendet. Immer wieder tauchen in den Stammbäumen die gleichen Vorfahren auf. Eine vorübergehende Inzucht kennzeichnet alle großen Zuchten. Sie kann erst dann aufgegeben werden, wenn genügend Nebenlinien entstanden sind. Solche Nebenlinien fehlen leider in der Friesenzucht, so daß zur Zeit überwiegend auf den 1955 geborenen, 19 Jahre züchterisch genutzen Hengst Ritske 202 »ingezüchtet« wird.

Der heutige Zuchtplan zur Behebung und Vorbeugung von Inzuchtschäden (lose Patella [Kniescheibe], abnehmende Fruchtbarkeit, Sterilität) will jede vermeidbare Inzucht ausschließen. Dazu dienen u. a. strenge Selektion der Hengstanwärter und die Paarung ausgewählter Stuten mit bestimmten Hengsten unter genauer Berücksichtigung des Inzuchtgrades.

Dem Ziel, die Friesenrasse in Reinzucht zu halten, entspricht die Ablehnung jeder Kreuzung. Der Verband vertritt die Meinung, daß es heute in der ganzen Welt keine nahe verwandte Rasse mehr gibt, die zur Blutauffrischung dienen könnte. Zu prüfen wäre zu gegebener Zeit, ob ein Schwarzer Kladruber aus Slatinany, dort, wo jetzt der friesische Hengst Romke als Beschäler eingesetzt wird, für zwei Jahre zum Zuchtaustausch in die Niederlande kommen sollte. Bei der großen Zahl der zur Verfügung stehenden Mutterstuten wäre dieser Versuch völlig risikolos für den Bestand der Zucht.

In der BRD besteht seit 1979 der Verband der Züchter und Freunde des Friesenpferdes mit Sitz in Krefeld, in dem zur Zeit 130 Pferde dieser Rasse registriert sind. Er wird als einziger vom Friesenstammbuch, Sitz Leenwarden,

Friesen-Viererzug bei den Weltmeisterschaften 1978 in Keszkemét (Ungarn)

anerkannt. Es besteht eine enge Kooperation mit dem holländischen Verband. Auch hier wird nach den altbewährten Zuchtrichtlinien gezüchtet. Durch eine Fachkommission unterstützt »Het Friesch Paarden Stammboek« den westdeutschen Verband in Fragen der Körungen, Stuteneintragung und bei Fohlenschauen. Hengste werden nur anerkannt, wenn sie sowohl von niederländischer als auch von westdeutscher Seite gekört sind. Auf diese Weise ist dem weitgehenden Zuchttieraustausch keine Grenze gesetzt.

Im Ausbildungszentrum des Verbandes, Gut Heyenbaum – Reit- und Fahrstall »Hubertus« in Krefeld, werden Friesenpferde sowohl für das Fahren als auch zur Dressur ausgebildet. Für anspruchsvolle Schaubilder im Rahmen der Repräsentation der Schwarzen Friesen stehen stilgerechte Kutschen und Geschirre zur Verfügung.

Empfohlen für Reit- und Wagenpferde gleichermaßen wird die Ausbildung an der Doppellonge, am langen Zügel, in der Schleppe und unter dem Sattel. Dadurch werden Biegsamkeit und eine starke Muskulatur der Hinterhand gefördert. Die gelegentlich etwas wenig raumgreifenden Gänge lassen sich so durch ein gut aufgebautes Training stark verbessern.

Die Friesen zählen zu den ältesten Kulturpferderassen Europas und stellen somit ein wichtiges Kulturgut dar. Sie haben über Jahrhunderte ihre Eigenständigkeit bewahrt. »Imponierenden Rappen mit Persönlichkeit«, sie verdienen so genannt zu werden. Ihrem beeindruckenden Erscheinungsbild und dem ihnen eigenen Charakter verdanken sie eine Renaissance, an die vor Jahren noch niemand gedacht hätte.

Der Andalusier und der Lusitaner

Diese Pferde werden zwar in zwei geographisch verschiedenen Regionen der iberischen Halbinsel gezüchtet, der Andalusier in Spanien, der Lusitaner in Portugal, gehören aber der gleichen Rasse an, hervorgegangen aus dem altspanischen Pferd, dessen Vortrefflichkeit schon vor der Zeitenwende gerühmt wurde. Nach dem Höhepunkt der Andalusierzucht im 15. und 16. Jahrhundert, wo sie über die zahlreichen Hofgestüte jener Zeit die Entwicklung vieler europäischer Rassen weitgehend prägten, verfiel die Zucht allmählich. Insbesondere den Karthäuser Mönchen, die sich allen Einkreuzungen zur Kaliberverstärkung widersetzten, ist es zu verdanken, daß reinrassige Linien erhalten blieben.

Der Andalusier wird von den Spaniern auch »el caballo de Pura Raza Espanola« genannt, das Pferd reiner spanischer Rasse. Die Abstammung dieser Pferde ist zum Teil bis zu 200 Jahre zurückzuverfolgen. Im Jahre 1913 wurde das Spanische Stutbuch gegründet, in dem nur Pferde aus reinrassigen Linien Aufnahme fanden. Alle Bemühungen um die Reinhaltung der Rasse konnten allerdings nicht verhindern, daß viele Züchter ihre andalusischen Stuten von Araber- und Vollbluthengsten decken ließen, um springfreudigere und schnellere Pferde zu erhalten, die insbesondere in der Stierkampfarena gefragt waren. Diese sogenannten Hispano- oder Hispano-Anglo-Araber wurden als Kreuzungsprodukte nicht in das Spanische Stutbuch eingetragen. Seit 1970 überprüft eine Körkommission alle dreijährigen Stuten im Exterieur und im Gangvermögen. Nur beim Erreichen einer Mindestpunktzahl wird die Stute zur Zucht zugelassen. Alle Fohlen erhalten vor dem Absetzen eine Oberlippentätowierung mit Geburtsjahr, Eintragungsnummer und Züchterkennzeichen. Damit ist eine sichere Identifizierung gewährleistet.

Das Hauptzuchtgebiet der Andalusier liegt in den südspanischen Provinzen Cadiz, Sevilla und Cordoba. Die Schimmelfarbe in allen Schattierungen herrscht vor, gefolgt von den Braunen und seltenen Rappen. Die Farben der früheren Jahrzehnte, Füchse, Schecken und Tiger, werden bewußt aus der Zucht ausgeschlossen, da man sie für die andalusische Rasse als untypisch betrachtet.

Das Exterieur des Andalusiers ist geprägt von Adel, Noblesse und Schönheit. Gepaart mit Härte und Zähigkeit, ausgeglichenem, sanftmütigem Charakter und Gelehrigkeit, ist er eines der beliebtesten Hobby- und Freizeitpferde geworden. Mit einem Stockmaß von 150 bis 160 (165) cm zählt der Andalusier zu dem mittel-

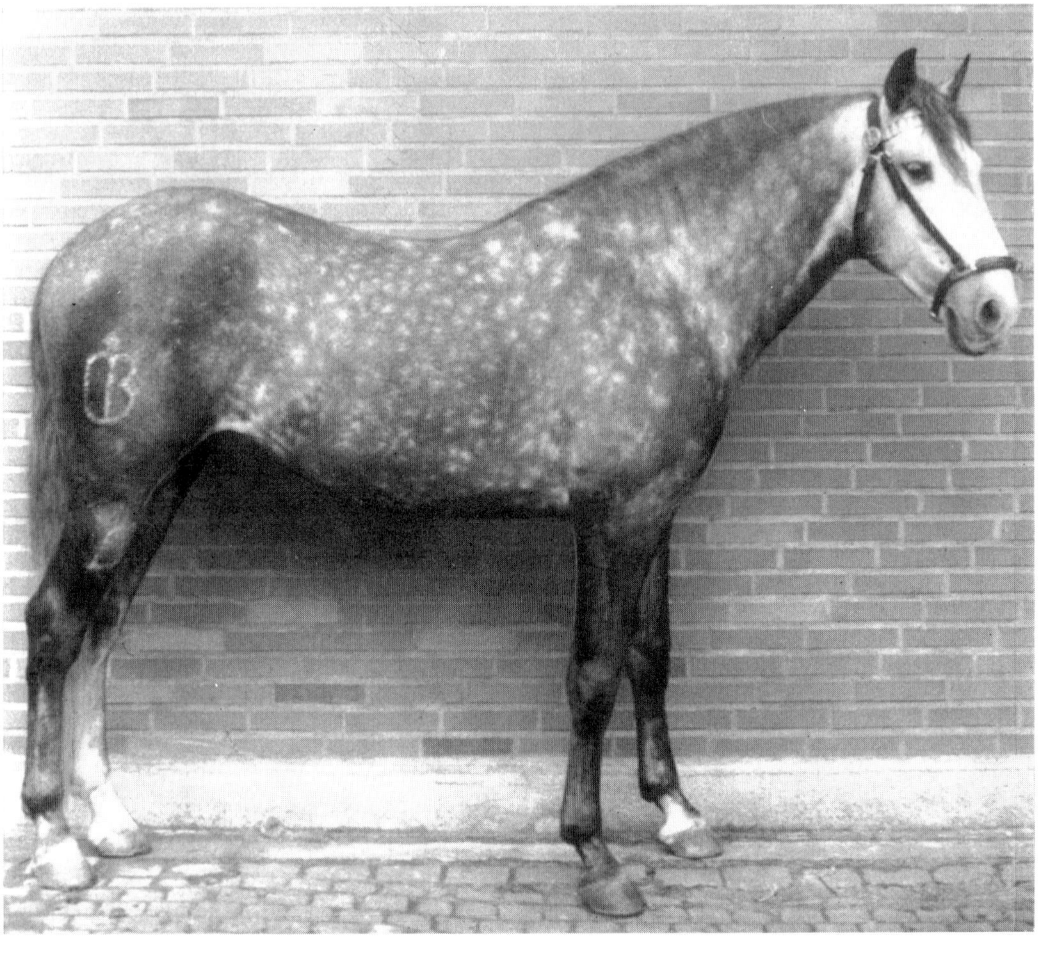

Lusitaner aus dem Gestüt »Casal Branco« (Portugal)

großen, leichten Reitpferdtyp. Der edle Kopf mit den großen ausdrucksvollen Augen und tief angesetzten kleinen Ohren hat die früher stark gebogene Profillinie durch Selektion fast völlig verloren. Die alte Ramsnase ist höchstens noch angedeutet. Der schön aufgesetzte, gut geformte Hals trägt eine dichte, seidige Mähne. Hervorragende Sattellage, runde Kruppe und tief angesetzter, wenig getragener Schweif, gedrungener Rumpf mit guter Rippenwölbung, nach hinten stark verjüngend, runden das Bild eines Pferdes von höchster Eleganz ab.

Das Fundament des Andalusiers scheint im Verhältnis zum kompakten Körper oft zu leicht. Die Gliedmaßen sind relativ schwach, die Sprunggelenke schmal. Durch eine gezielte Zuchtwahl ist man um eine Verbesserung bemüht. Die hohe Aktion, der sogenannte Spanische Tritt, ist dem Andalusier angeboren und bedarf keines Spezialtrainings. Er verleiht dem Pferd eine einmalige Eleganz, sowohl unter dem Reiter als auch vor dem Wagen. Besonders wegen seiner Ausstrahlungskraft ist der Andalusier als Schau- und Paradepferd sehr geschätzt. Liebhaber der Dressur und Hohen Schule finden in ihm einen ansprechbaren, gelehrigen Partner. Andalusier sind bei allem Temperament stets ruhig und zuverlässig, ohne Nervosität und auf Grund ihrer durch harte Aufzucht in dem Heimatland geprägte Robustheit und Leichtfuttrigkeit ein ideales Freizeitpferd.

Der Spanische Zuchtverband zählt zur Zeit 2000 eingetragene Zuchtstuten. Nicht nur in Spanien, sondern auch in anderen Teilen der Welt erfreut sich der reinrassige Andalusier immer größerer Beliebtheit. Insbesondere in Süd- und Mittelamerika, auch in den USA, in Frankreich und der BRD existieren Zuchtverbände. Ein Zentrum der Andalusierzucht in der Bundesrepublik Deutschland ist das Gestüt Pittenhart am Chiemsee mit einem Bestand von etwa 30 Pferden.

In Portugal sind etwa 1000 Stuten und 100 Hengste der Lusitanerrasse registriert. Die Zucht wird nach den gleichen Exterieurrichtlinien wie in Spanien geführt. Im Gestüt »Casal Branco« dominieren die Braunen und die Schimmelfarbenen. Das Gestüt »Ortigao Costa« ist das einzige, das Rappen züchtet. Hengste beider Gestüte wurden auf Weltausstellungen prämiert und Champion der Rasse Lusitano.

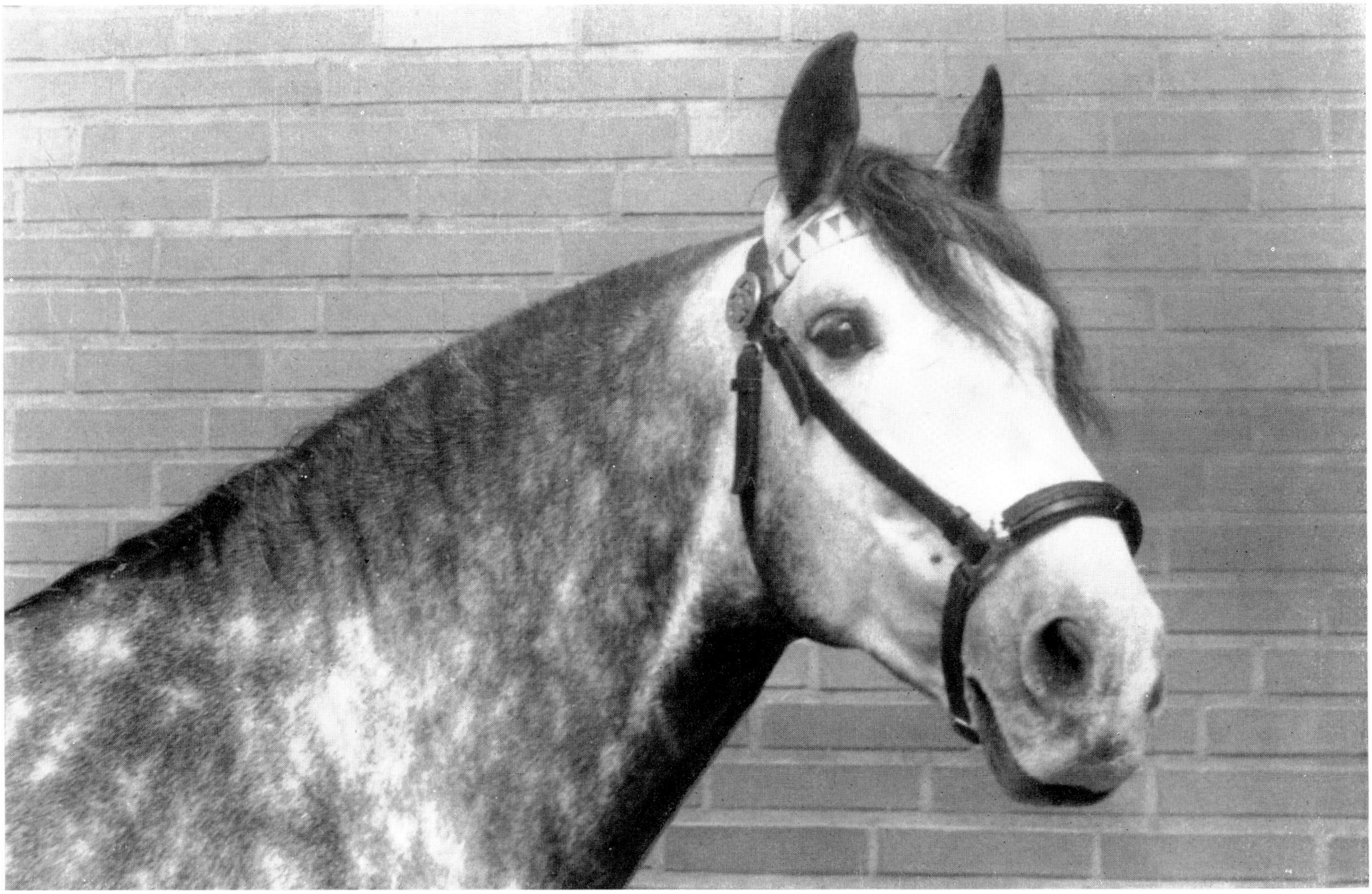

Kopfstudie eines Lusitaners, aufgenommen auf der Equitana 1983

Ausblick in die Zukunft

Vom Repräsentationspferd zum Gebrauchspferd

1980 hat Lipizza das vierhundertjährige Bestehen des Gestütes festlich begangen. Das bedeutet vier Jahrhunderte erfolgreicher Zucht der ältesten Kulturpferderasse Europas. Der Wandel des Lipizzaners vom Typ des alten Andalusiers und Neapolitaners über das barocke Prunkpferd des alten Lipizza und der Spanischen Reitschule zum Sport- und Wirtschaftspferd hat sich erst im letzten Viertel der 400jährigen Geschichte vollzogen. »Es gibt keine hochbeinigen Lipizzaner, es gibt keine flachrippigen Lipizzaner, es gibt keine schmalbrüstigen Lipizzaner, es gibt keine Lipizzaner mit schlechtem Temperament. In diesen Feststellungen liegen die überragenden Qualitäten der Rasse, die ihr eine so weite Verbreitung geschaffen haben. Im Bau dieser Pferde liegen Leichtfuttrigkeit und ihre Leistung begründet. Ihr herrliches Temperament ist das, was alle Warmblutzuchten suchen. Sie sind immer geduldig, immer fügsam; sie sind immer energisch, machen keine Schwierigkeiten im Geschirr und sind stets gut im Maule, so daß auch schlechte Fahrer mit ihnen auskommen. Die breite Brust, die breite Rippenwölbung und der muskulöse Hals machen sie zu guten Ziehern, die nicht leicht ermüden.« – So lautete das Urteil eines Pferdekenners wie Gustav Rau vor vierzig Jahren, und es hat noch heute Gültigkeit.

Die genügsamen, widerstandsfähigen, kräftigen und ausdauernden Lipizzaner haben sich schon seit der Jahrhundertwende in einigen Ländern ihren Platz in der Landwirtschaft erobert. Auch heute noch sind sie dort unentbehrlich als Wirtschaftspferd mit ausgeprägter Gebirgseignung und als gängiges Kutschpferd. Waren es 1877 nur 75 Lipizzanerhengste, die in der Landeszucht eingesetzt waren, so deckten in der Zeit zwischen den beiden Weltkriegen allein 250 in Kroatien, heute ist es etwa die gleiche Anzahl in allen Teilen Jugoslawiens.

Wenn das Pferd auch seine Bedeutung als landwirtschaftliches Nutzpferd verloren hat, so steigen doch die Bedürfnisse, die der kultursportliche Lebensbereich stellt. Nach wie vor dominiert der Lipizzaner auch in der klassischen Reitkunst. Als Repräsentant der Hohen Schule und als Zirkuspferd ist er in aller Welt bekannt. Jährlich werden Tiere an Liebhaber und Freunde dieser Rasse bis nach Übersee exportiert.

Die Gestüte erfüllen neben der wirtschaftlichen auch eine kulturhistorische Aufgabe, die darin besteht, eine 400 Jahre alte, hochwertige Pferderasse zu erhalten und weiter zu entwikkeln. Dem ständig steigenden Bedarf an Sportpferden entspricht die heutige Zuchtrichtung beim Lipizzaner. Zum Teil wird ein Typwandel in Richtung Eignung als Reitpferd mit höherem Widerrist und besserer Sattellage angestrebt. Ein weiterer Rückgang als landwirtschaftlich genutztes Pferd kann somit durch den steigenden Bedarf an Sportpferden ausgeglichen werden.

Klassische Reitkunst in der Spanischen Reitschule Wien

Auch wenn die Spanische Reitschule ein Stück Barock darstellt, so ist doch der Lipizzaner heute nicht mehr Objekt von Extravaganz, Luxus oder einer aufwendigen Spielerei. Der Österreicher fühlt sich mit seinen Lipizzanern verbunden, sie stellen ein wichtiges Kulturgut dar. Heute befindet sich die Schule im Besitz des österreichischen Staates. In schweren Nachkriegsjahren wurden von den Wienern Päckchen für »ihre« Lipizzaner abgegeben.

Wien ohne die Spanische Reitschule ist für viele undenkbar. Hier erfolgt die Ausbildung von Roß und Reiter. In den ersten beiden Jahren deckt sich die Ausbildungsarbeit eines Schulpferdes mit der eines Dressurpferdes bzw. gut gerittenen Gebrauchspferdes. Allerdings wird hier in der Reitschule der höchste Grad an Gründlichkeit und Genauigkeit gefordert. Nur so kann der zukünftige Schulhengst den Anforderungen der klassischen Reitschule gerecht werden.

Die Hohe Schule ist die Ausschöpfung aller Fähigkeiten und natürlichen Gegebenheiten. Die Arbeit verlangt vom Reiter großes Verständnis und Können, große Geduld und viel Zeit. Erfahrene Lehrer bilden die jungen Hengste aus. Umgekehrt muß der junge Reiter vom alten Schulhengst lernen. Nicht zuletzt beruhen die Erfolge der Spanischen Reitschule auf dieser Methode. Der Lipizzaner verlangt viel Behutsamkeit, Geduld und Einfühlungsvermögen, um so mehr als er sich verhältnismäßig langsam entwickelt. Nie darf er überfordert werden. Gegen Forderungen, die über seine Leistungsfähigkeit hinausgehen oder sogar ungerechte Behandlung setzt er sich zur Wehr. Er »begreift« sehr schnell, was von ihm verlangt wird.

Die »Antriebskraft« beim Pferd liegt in der Hinterhand. Je kraftvoller die Hinterhand eingesetzt wird, um so schwungvoller der Gang.

4

Das Siegergespann 1978 in Keszkemét – György Bardos mit seinen Lipizzanern

Das Pferd wird mit dem Gesäß des Reiters vorwärts geschoben. Durch vermehrtes Untertreten unter den Schwerpunkt senkt sich die Hinterhand, das Pferd wird vorn höher, es »richtet sich auf«. Zuerst müssen die Hinterbeine zum Schub angeregt werden, müssen unter dem Mittelpunkt von Pferd und Reiter greifen, dann spannt sich der Rücken, der Hals wölbt sich, die Nase geht herunter, das Pferd lehnt sich an das Gebiß an, kaut ab und schäumt dabei. Es ist versammelt und gehorcht den Hilfen seines Reiters. Seine Bewegungen wirken gelöst und harmonisch, die eines nicht versammelten Pferdes dagegen sind verspannt und unausgeglichen.

Durch die Ausbildung soll das Pferd schöner in seinen Körperformen und besser in seiner Haltung werden, man muß ihm die Freude über sein eigenes Können am Spiel der Ohren und im Ausdruck der Augen ansehen. Für Schulen über der Erde wird der Hengst durch die Hand und Pilarenarbeit vorbereitet. Schulen über der Erde werden ohne Bügel geritten, damit der Reiter einen engeren Kontakt mit dem Pferderücken hat. Das Training muß immer mit einer gekonnten Lektion abgeschlossen werden.

Alle Übungen der Hohen Schule können von erfahrenen Bereitern und gut durchtrainierten Pferden auch ohne direkten körperlichen Kontakt mit dem Pferd durchgeführt werden. Bei der Ausbildung geht der Bereiter zu Fuß neben dem Pferd, die eine Hand am Führzügel, in der anderen die Gerte als Hilfsmittel. Die spätere Arbeit am langen Zügel verlangt besonders sensible Pferde. Sie ist nur möglich mit Hengsten, die alle Gänge unter dem Sattel beherrschen. Auf bloße Zügel- und leichte Gertenhilfen vollführt das Pferd ohne Reiter die gleichen Übungen wie unter dem Sattel.

Kein Hengst kann in allen Übungen der Hohen Schule zur Vollendung geführt werden. Es ist die Sache seines Lehrers, die Fähigkeit des Pferdes zu erkennen. So gibt es in der Reitschule besonders gute Hengste, die für die Schulen auf und andere, die für die über der Erde geeignet sind. Es gibt gute Levadeure und vorzügliche Caprioleure. Sie können diese guten Veranlagungen – wie die Erfahrungen gezeigt haben – an ihre Söhne weitervererben.

Wenn beim Pas de deux im Spiegelbildeffekt oder in der großen Schulquadrille die Hengste durch ihre Reiter gleichgestimmt in Haltung und Bewegung wie mit größter Selbstverständlichkeit auch die schwierigsten Übungen leicht und harmonisch absolvieren, ahnt kaum jemand, wieviel Liebe, Hingabe und Arbeit nötig waren, um den Besuchern diesen einmaligen Kunstgenuß zu schenken. Die Schwere der Übungen gepaart mit der Leichtigkeit der Ausführung, dazu das tänzerische Element, genau abgestimmt mit der Musik – das fasziniert immer wieder.

Diskussion über Dressur und Zucht

Der frühere Leiter der Spanischen Reitschule, Oberst Podhajsky, urteilt über den Lipizzaner folgendermaßen: »Die hohe Intelligenz und außerordentliche Veranlagung der Lipizzaner wird schon bei der Ausbildung bemerkbar. Es ist ein Vergnügen, mit diesen verständigen Hengsten zu arbeiten und daher nur zu begreiflich, daß die großen Meister der Spanischen Reitschule ihnen mit Leidenschaft zugetan und des Rühmens voll sind über ihre Vorzüge. Es gibt wohl kaum eine andere Pferderasse, in der sich individuelle Eigenarten so mit Lerneifer und Gehorsam verbinden«. Das Urteil des jetzigen Leiters der Spanischen Reitschule, Oberst Albrecht, lautet: »Wir zeigen Reitkunst und keinen Reitsport. Beide gehören zusammen. Die Reitkunst muß die Wiege des Reitsports sein.«

Bereits vor 200 bis 300 Jahren ist die Kluft zwischen Reitkunst und Gebrauchsreiten entstanden, doch ist sie nicht so groß, wie man sie gelegentlich annimmt. Beide beginnen mit den gleichen Übungen. In beiden Fällen ist die Grundausbildung gleich, nur die Zeitabläufe variieren.

Bis zu 24 Pferde stehen im Lainzer Tiergarten am Westrand von Wien. Hier werden die jungen Hengste aus Piber an die Spanische Reitschule nach altem Zeremoniell übergeben. Die Tiere sollen sich hier akklimatisieren, man läßt sie dazu einen Monat lang frei auf der Rundbahn herumlaufen. So soll die Umstellung von der freien Weide zur Haltung im Stall allmählich verlaufen. Die jungen Hengste werden zunächst an der Longe gearbeitet, um Zutrauen zum Ausbilder zu bekommen und gehorsam zu werden.

Im ersten Jahr werden die Hengste der Spanischen Reitschule »gymnastiziert«, das Pferd geht in seinen natürlichen Gängen. Erst danach beginnt der Reiter, den Hengst »langsam von hinten heranzulassen«, ihn zu versammeln, und die Genickbiegung zu formen.

Erst nach zwei Jahren beginnt die eigentliche Campagneschule. Sie umfaßt die Lektionen, die der Beherrschung des Pferdes im Gelände dienen, einschließlich der Ausbildung als Spring- und Dressurpferd bis zur Klasse M. Diese Ausbildung dauert ein bis zwei Jahre. Nach dieser Zeit ist die Muskelkraft so entwickelt, daß die Figuren der Hohen Schule überhaupt erst ausgeführt werden können.

Im Turniersport hat der Lipizzaner nach Auffassung des Leiters der Spanischen Reitschule nur eine geringe Chance, und zwar so lange, bis das reiterliche Können wieder in den Vordergrund tritt. So habe es eine Zeit gegeben, wo das harmonische Zusammenwirken zwischen Reiter und Pferd höher bewertet wurde und stets die Frage zu beantworten war, wie der Reiter die Veranlagung des Pferdes in Aktionen umsetzt. Pferden der Mittelklasse gelänge in der Turnierbewertung kaum der Durchbruch zur Spitze, selbst wenn sie optimal vom Reiter vorgestellt werden. Dementsprechend siege das bessere Pferd auch bei geringerem Können des Reiters. Generell ist aber doch derjenige Reiter der beste, der das meiste aus dem Pferd herausholt, ohne es zu brechen. Über die Qualität des Reiters dominiert die des Pferdes. Doch ein gutes, schon ausgebildetes Pferd könnte man sich kaufen, und was man sich erkauft, brauche man nicht zu erarbeiten.

Verspannungen und Genickschwierigkeiten gibt es heute bei Lipizzanern kaum noch, ebensowenig einen engen Hals und enge Ganaschen. Nur vor der Capriole, sonst vor keinem Sprung der Schulen über der Erde, kommt es wegen der starken Muskelanspannung zur Verspannung. Hier ist sie aber nicht unnatürlich, sondern als Vorbereitung für die Aufgabe erwünscht.

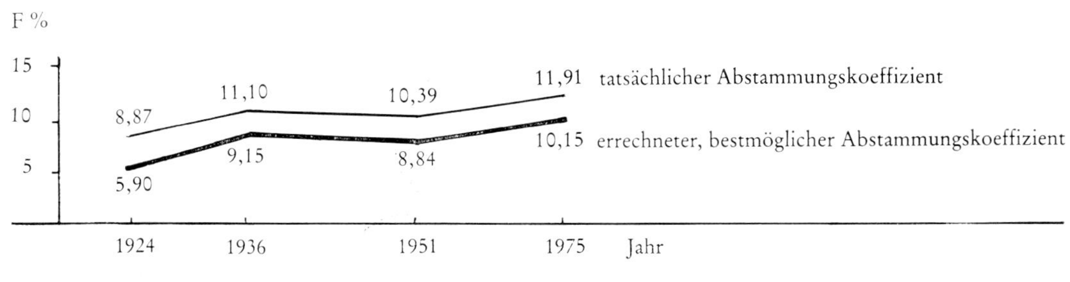

Verlauf des Inzuchtgrades am Beispiel des Inzuchtkoeffizienten (F⁰/₀) von vier Jahrgängen

Berühmte Schulhengste

Neapolitano Sardinia
1922 bis 1949

Favory Stornella III
1932 bis 1952

Neapolitano Presciana
1945 bis 1961

Siglavy Brezovica
1931 bis 1962

Pluto Theodorosta
1932 bis 1963

Siglavy Monterosa
1940 bis 1964

Neapolitano Santuzza
1936 bis 1964

Berühmte Schulhengste der Spanischen Reitschule Wien

Die Spanische Reitschule bildet traditionsgemäß auch ausländische Reitschüler aus, vor allem Dressurreiter. Voraussetzung ist der Nachweis der S-Dressur und die Nominierung durch den Reitsportverband des Herkunftslandes. Für alle gilt gleichermaßen, daß mit der Longenarbeit und mit dem Reiten ohne Sattel zur Vervollkommnung des Sitzes begonnen wird.

Wie eng die qualitativen Voraussetzungen von Reiter und Pferd für höchste Dressurleistungen gesehen werden, zeigt sich in dem Angebot der Spanischen Reitschule an die Lipizzanergestüte, Bereiter und Hengst für die Dauer eines halben Jahres nach Wien zu holen. Das ist nicht nur ein Entgegenkommen den Gestüten gegenüber, sondern soll sich auf die Zuchtwahl positiv auswirken.

Nicht zuletzt sind es aber auch züchterische Entscheidungen, die ein hohes Leistungsniveau sichern sollen. So bedarf die österreichische Lipizzanerzucht der Blutauffrischung, d. h. der Genfrequenzänderung durch die Blutzuführung aus Lipizzanerstämmen der Nachbarländer. Von Wollinger und Mitarbeiter wurde für die österreichische Lipizzanerzucht ein Inzuchtgrad von 12 % bzw. ein Inzuchtkoeffizient von 0,12 errechnet, wobei die Tendenz steigend ist. Ein steigender Inzuchtkoeffizient ist die Folge zunehmender Verpaarung von miteinander verwandten Tieren. Theoretisch ist unter den derzeitigen Bedingungen eine jährliche Erhöhung um 1,5 % möglich. Die Folge zunehmender Inzucht sind sog. Inzuchtdepressionen, die sich in erster Linie in Unfruchtbarkeit und Lebensschwäche der Neugeborenen äußern. Wegen der ständigen züchterisch-selektiven Einflußnahme beträgt die derzeitige Erhöhung des Inzuchtgrades 1 % je Generation.

Die Leistungsfähigkeit des bisher der Spanischen Reitschule zugeführten Hengstmaterials läßt Anzeichen von Inzuchtdepression nicht erkennen, auch nicht bei den Hengsten des Geburtsjahrganges 1975. Interessant ist in diesem Zusammenhang, daß seinerzeit in Hostie in einzelnen Fällen versuchsweise Inzestzucht (Paarung zwischen Verwandten ersten Grades) durchgeführt wurde. Das Ergebnis läßt den Schluß zu, daß der Lipizzaner inzuchtstabil ist.

Entsprechend den Zahlen in der Tabelle auf Seite 198 war im Jahre 1924 der Inzuchtkoeffizient am niedrigsten. Um diese Zeit war aber die Lipizzanerpopulation wesentlich größer als heute, und seit dieser Zeit werden Lipizzaner in Österreich innerhalb ihrer Population rein gezüchtet. Lediglich in den Jahren 1943 bis 1952 setzte sich der Bestand aus österreichischen, jugoslawischen, italienischen, ungarischen und tschechoslowakischen Lipizzanern zusammen. Dementsprechend wurde das Zuchtmaterial aus einer sehr großen Population ausgewählt. Dies erklärt auch den sehr niedrigen Inzuchtgrad für das Jahr 1951.

Inzwischen ist es möglich geworden, die elektronische Datenverarbeitung für die Zuchtwahl einzusetzen. Anhand von EDV-Programmen lassen sich diejenigen Hengste auswählen, deren Verwandtschaftsgrad zu den Stuten sehr weit ist und bei sonst guter Kombinationseignung Paarungen von Tieren, die in der 1. bis 5. Generation miteinander verwandt sind, ausschließt.

Langfristige züchterische Lösungen sind aber auch in der österreichischen Lipizzanerzucht ohne Zufuhr fremden Blutes nicht denkbar. Dabei gilt als Grundsatz die Eignung für die klassische Reitkunst. Erst nach einem positiven Prüfungsergebnis auf diese Eignung kann ein Hengst aus einem ausländischen Gestüt als Deckhengst in

Das Pferd, völlig gelöst nach der Capriole, betrachtet das Publikum auf der gegenüberliegenden Seite

Piber eingesetzt werden, selbst wenn er in Typ und Exterieur von vornherein beste Voraussetzungen erkennen läßt.

Weil die Forderung nach einer Genfrequenzänderung durch Blutauffrischung kein isoliertes Problem der österreichischen Lipizzanerzucht ist, bietet sich die Möglichkeit des Zuchttieraustausches über die Ländergrenzen hinweg zum gegenseitigen Vorteil geradezu an. Viele Vorteile, die der österreichische Lipizzaner heute im Typ verkörpert, sind in den Zuchtzielvorstellungen anderer Länder bei der Umzüchtung vom Wirtschaftslipizzaner zum schönen, formvollendeten Sportpferd enthalten.

Ein Tag in der Spanischen Reitschule

Die Stallburg, umschlossen von einem hohen Arkadenhof, ist seit 1565 die Stätte der Lipizzaner in Wien. Die Hengste sind in geräumigen Boxen und Ständen unter stuckverzierten Gewölben untergebracht. Gerahmte Namensschilder auf den Spitzen der Standsäulen geben Auskunft über die Abstammung der Hengste, den Stamm des Vaters, die Familie der Mutter. Der Hafer wird aus marmornen Krippen aufgenommen, Heu vom Boden der Box. Das tägliche Putzen dient nicht allein dem körperlichen Wohlbefinden. Der Hengst gewöhnt sich auch an den Umgang mit dem Menschen. Das Vertrauen, eine Grundvoraussetzung für die optimale Dressur, wird gefestigt.

Pünktlich um 7 Uhr beginnt morgens das tägliche Training. Die Pferde werden gezäumt, mit ihren hellen Hirschledersätteln gesattelt, dann von den Pflegern aus den Ställen der Stallburg geführt. Am Ausgang des zur Straße hin rechteckigen Gebäudekomplexes verharren sie kurz, der Verkehr stoppt, die Hengste überqueren die Straße und werden auf der anderen Seite in die Vorräume und Gänge der Reithalle gebracht.

Die Bereiter haben ihre Zimmer und Duschräume in der ersten Etage, über den Ställen der Hengste. Sie schlafen aber fast ausnahmslos in der Stadt und den Vororten Wiens und kommen von dort rechtzeitig vor Dienstantritt her. Auch bei der Morgenarbeit tragen sie die traditionelle Uniform.

Der braune Frack, hoch geschlossen, ist mit zwei goldenen Knopfreihen versehen. Die helle, eng anliegende Hose wie der Sattel sind aus weichem Hirschleder. Zu festlichen Anlässen wird zusätzlich eine goldumrandete Schabracke (verzierte Satteldecke, türkisch tshaprak) ver-

Die Lipizzaner auf ihrem täglichen Weg von der Stallburg zur »Arbeitsstätte« in die Winterreitschule zum Training

wendet. Ursprünglich diente sie als Rückenschutz unter dem Sattel, heute ist sie mehr ein Schmuckelement. Sie wird am Sattelende angeschnallt. Eine einfache Goldborte kennzeichnet den Bereiteranwärter, die zweifache den Bereiter, die dreifache den Oberreiter. Eine breite, goldene Litze am Zweispitz weist ihren Träger als Bereiter aus. An der Breite dieser Goldborte erkennt man den Rang des Bereiters, denn beim Bereiteranwärter ist sie bedeutend schmaler. Schwarze Stulpstiefel mit Schwanenhalssporen und stumpfem Rad sowie weiße Lederhandschuhe, die bei der Vorführung wie bei der Morgenarbeit getragen werden, vervollständigen die Uniform des Bereiters. In der rechten Hand trägt er eine biegsame Birkengerte.

Bereiteranwärter kann jeder talentierte Reiter nach einer bestimmten »Eleven- oder Adjunktzeit« werden. Die Ausbildung beginnt mit der Pflege und Wartung der Tiere. Ehe der junge Eleve Bereiter wird, vergehen zehn Jahre und mehr. Voraussetzung ist, daß er ein »rohes« Pferd selbständig bis zum Schulpferd ausbildet. Rechnet man, daß die Ausbildung des Reiters erst nach drei bis fünf Jahren abgeschlossen ist, so kann er frühestens zu diesem Zeitpunkt mit der Dressur eines jungen Hengstes beginnen. Und das dauert etwa sechs Jahre. Stellt sich während der Ausbildung heraus, daß das Tier untalentiert ist und ausgemustert werden muß, so beginnt die Arbeit mit einem zweiten Pferd von neuem.

Die nächste Stufe ist dann die des Oberbereiters. Oberbereiter kann nur der werden, der in der Lage ist, seine Erfahrungen nach Jahrzehnten erfolgreicher Praxis an junge Kollegen weiterzugeben. Der Status des Oberbereiters ist äußerlich nicht gekennzeichnet.

Jeder der 60 in der Spanischen Reitschule stehenden Hengste wird täglich mindestens eine halbe Stunde bewegt, geritten, am kurzen oder langen Zügel geführt, in den Pilaren geschult.

In den ersten beiden Jahren deckt sich die Ausbildungsarbeit eines Schulpferdes mit der eines Dressurpferdes bzw. gut gerittenen Gebrauchspferdes. Allerdings wird in der Reitschule der höchste Grad an Gründlichkeit und Genauigkeit gefordert. Nur so kann der zukünftige Schulhengst den Anforderungen der klassischen Reitkunst gerecht werden. Erfahrene Lehrer bilden die jungen Hengste aus. Umgekehrt muß der junge Reiter vom alten Schulhengst lernen. Nicht zuletzt beruhen die Erfolge der Spanischen Reitschule auf dieser Methode.

Jeder Bereiter hat seine Aufgabe, seine ihm zugeteilten Pferde. Sie werden ihm vom Stallpersonal zugeführt und in den Vorderräumen übergeben bzw. in den Gängen, wo die Tiere in dafür vorgesehenen Nischen gestellt werden können. Der Bereiter sitzt außerhalb der Reithalle auf, reitet ein, zieht grüßend den Dreispitz vor dem Bild des kaiserlichen Bauherrn und beginnt mit seinen Lektionen. Jeder Reiter kennt seine Aufgabe, für jedes Pferd gibt es einen eigenen Trainingsplan. Jeder arbeitet selbständig. Die Reithalle ist so groß, daß keiner den anderen behindert.

Den genauen Trainingsplan stellt der Leiter der Schule persönlich auf. Er reitet in den Morgenstunden selbst mit. Montag ist Ruhetag. Von Dienstag bis Sonnabend sind die Trainingsstunden von 10 bis 12 Uhr der Öffentlichkeit zugänglich. An diesen Tagen können von 14 bis 16 Uhr auch die Ställe besichtigt werden. Die Vorführungen der Spanischen Reitschule sind stets ausverkauft, da die 1100 Plätze nie ausreichen. Sie finden zwei- bis dreimal in der Woche statt.

Abends eine große Galavorstellung. Um 19 Uhr kommen die ersten Hengste nach den Klängen von Riedingers »Festlicher Eintritt« in die hell erstrahlte Reithalle. Acht junge Hengste, noch in etwas dunklerem Haarkleid, das wie graumarmoriert wirkt, zeigen – ohne bedeutende Veränderungen durch die Dressur – natürliche Gangarten. Die nächste Programm-Nummer: Oberbereiter Lauscha und drei seiner Bereiter führen vier alte Schulhengste vor. Sie zeigen alle Gänge und Touren der Hohen Schule, dabei wirken Reiter und Pferd wie aus einem Guß. Diese auch bei schwersten Übungen selbstverständlich erscheinende Leichtigkeit der Bewegungen läßt ein bewunderndes Raunen durch die Zuschauerreihen gehen. Wer denkt in diesem Augenblick daran, wieviel Jahre härtester und geduldiger Arbeit nötig sind, bis solche Meisterleistungen erreicht werden?

Das Bild wechselt. Bei den Klängen von Mozarts Sinfonie Nr. 40 in G-Moll ein Pas de deux – spiegelbildliche Gleichheit der zu reitenden Linien und Figuren bei genauer Einhaltung der Tempi.

Ich habe versucht, mich, auch wenn nur für kurze Augenblicke, zu lösen von dem Gesamteindruck und streng auf die Beinpaare der beiden Pferde zu achten. Was ich sah, war völliger Gleichklang; das Bein des einen Pferdes wurde genau so hoch gehoben, genau in demselben Augenblick aufgesetzt wie das des anderen, Haltung und Bewegung in einmaliger Harmonie.

Zu den Klängen eines Bocherini-Menuetts zeigen sechs Schulhengste an der Hand und in den Pilaren ihr Können. Die Übungen, die in dieser Programm-Nummer gezeigt werden, bilden die Grundlage für die späteren Schulen über der Erde. Dabei zeigt sich dem erfahrenen Bereiter, für welche Schulen der Hengst besonders geeignet ist. Er lernt die exakte Ausführung der Piaffe als unerläßliche Vorstufe zukünftiger Schulsprünge. Ein gut ausgebildeter Hengst führt sie auch ohne Zügelhilfe in den Pilaren aus.

Eine Kostbarkeit für sich: Favory Basilika, am langen Zügel vorgeführt von Bereiter Eichinger. Der Einzugsmarsch ertönt, der altgediente Schulhengst schreitet in die Bahn. Er führt, nur durch Zügel und leichte Gertenhilfe und Stellungswechsel des Bereiters dirigiert, alle Schritte und Gangarten der klassischen Reitkunst in erhabener Manier aus. Jeweils nach Absolvierung eines Drittels seiner Aufgabe und vor Beginn eines neuen Musikteiles verharrt der Hengst für einen kurzen Moment zwischen den Pilaren, und in diesem Moment wirft er den Kopf, leicht schräg gestellt, hoch, die Augen blitzen. Er scheint sich seiner Leistung bewußt. Dreimal dasselbe Schauspiel, dreimal brausender Applaus, einer der Höhepunkte des ganzen Abends.

Wiener Blut von Johann Strauß – dazu Schulen über der Erde. Drei weiße Lipizzanerhengste, ein brauner. Es entspricht einer alten Tradition, daß stets ein dunkler Lipizzaner unter den zahlreichen Schimmeln ist. Zur Zeit ist es Siglavy Flora, nicht nur ein bildschöner Hengst, der seinen arabischen Stammvater nicht verleugnet, sondern auch ein exzellenter Courbetteur mit enormer Sprungkraft, voller Harmonie der Bewegungen. Seine Schimmelkollegen glänzen nicht minder mit ihren Darbietungen. Gilt die Capriole auch als Vollendung der Schulen über der Erde, so begeistern Levade und Courbette nicht minder. Wenn Pluto Africa sich majestätisch erhebt, die Hanken durchgebogen, die Vorderbeine erhoben, statuenhaft jeder Muskel angespannt, wie gemeißelt, im Licht glänzend, so steht er dort, starr und fest, Pferd und Reiter wie verwachsen. Eine Sekunde, zwei Sekunden, vielleicht zehn und mehr. Man glaubt mit ihm den Atem anhalten zu müssen. Und dann senken sich bedächtig die Glieder wieder auf den Boden, die Spannung weicht, die Bewegungsphase geht weiter.

Und zum Schluß die Schulquadrille, Musik von Bizet, Chopin, Riedinger und Leonhardt, das Ballett der weißen Hengste. Von Reiter und Pferden werden höchste Konzentration und größte Fähigkeiten gefordert, um die schwierigen Figuren im Rhythmus der Musik mit großer Genauigkeit und zugleich spielerischer Leichtigkeit darbringen zu können. Noch einmal wird der Besucher von dem Schauspiel der edlen Lipizzanerhengste mitgerissen. Wenn der letzte Reiter der Schulquadrille die Reitbahn verlassen hat, ist die Vorführung in der Spanischen Reithalle in Wien zu Ende.

Der Lipizzaner als Sportpferd

Mit der weiteren Technisierung wird der Wunsch des Menschen zum Kontakt mit der Natur, mit dem Tier zur sinnvollen, aktiven Freizeitgestaltung immer stärker. Als beliebtes und begehrtes Reit- und Kutschpferd hat sich der Lipizzaner nicht nur in seinen Heimatländern als Sportpferd einen festen Platz gesichert. Mit der Zuneigung zum Pferd und dem Umgang mit ihm gewinnt das Verhältnis des Menschen zum Pferd immer größere Bedeutung. Der Lipizzaner scheint besonders geeignet, sich an den Menschen anzuschließen. Er ist ein Pferd, das Kontakt und Anlehnung zum Menschen sucht. Immer wieder ist zu beobachten, wie er sich dem Menschen vertrauensvoll nähert, oft »ertastet« er ihn mit den Nüstern. Sein betont anschmiegsamer Charakter läßt ihn schnell zum Liebling seiner Umgebung werden. Seine große Gelehrigkeit und Willigkeit, seine Gutmütigkeit, seine überdurchschnittliche Veranlagung, sowohl unter dem Sattel als auch im Gespann, machen ihn vielseitig einsetzbar.

Einen bestimmten Bedarf an Lipizzanern werden auch in Zukunft nach wie vor die Zirkusunternehmen in aller Welt haben. Seit altersher ist der Lipizzaner, insbesondere der weiße Lipizzaner, eng mit der zirzensischen Kunst verbunden, sowohl unter dem Sattel wie in der Freiheitsdressur. Doch Lipizzaner sind auch immer mehr gefragt bei Liebhabern und Sportlern. Mit dem Rückgang des Pferdes in der Landwirtschaft werden auch in Jugoslawien und Rumänien, den beiden Ländern mit dem größten Anteil von Lipizzanern in der Landeszucht, die dunklen Farben weniger werden.

Es taucht immer wieder die Frage auf, ist der Lipizzaner, der ideale Vertreter der klassischen Reitkunst, auch als Dressurpferd für den Turniersport geeignet? Von seinen Kritikern wird darauf hingewiesen, daß der Lipizzaner zu klein, der Hals zu kompakt sei, wodurch die Biegsamkeit im Genick verringert würde und daß er zur Verspannung neige, da er jahrhundertelang für bestimmte Lektionen der Hohen Schule gezüchtet wurde, zu denen eine gewisse Spannung nötig ist. Dazu gehören alle Schulen über der Erde.

In der Vergangenheit haben einzelne Vertreter dieser Rasse aber gezeigt, daß der Lipizzaner durchaus in der Lage ist, sich gegen starke Konkurrenz in Dressurwettbewerben durchzusetzen. So startete der in Piber geborene Lipizzanerhengst Conversano Caprice bei den Olympischen Spielen in Rom (1960), Tokio (1964) und Mexiko (1968) und plazierte sich jeweils im vorderen Drittel. Unter seiner Reiterin Mrs. Hall, Großbritannien, war er erfolgreich in schwersten Dressurwettbewerben in Aachen und Rotterdam. In den Jahren 1964 bis 1967 gewann er zweimal im Dressurderby in Hamburg, einmal belegte er den zweiten Platz. Der Schulhengst Pluto Theodorosta, unter seinem Reiter Oberst Podhajsky, dem langjährigen Leiter der Spanischen Reitschule, schlug 1952 in Stockholm kurz nach den Olympischen Spielen alle Medaillengewinner. Diese beiden Hengste mögen stellvertetend genannt sein für eine ganze Anzahl weiterer Lipizzaner, die sich im internationalen Dressursport bewährt haben.

Für schwierige Dressurfiguren, wie die Piaffe, Passage und Pirouette, ist der Lipizzaner besonders gut geeignet. Hier ist er den Pferden anderer Rassen überlegen. In den Grundgangarten büßt er jedoch oft Punkte ein, weil er zu leicht verkrampft und dann nicht locker und gelöst genug ist. Gerade diese Losgelassenheit und das Eingehen auf alle Hilfen des Reiters, die Durchlässigkeit des Pferdes (es »läßt sie durch«, das heißt, es nimmt die Hilfen an) sind Voraussetzungen für eine gute Dressurleistung. Auf Grund seiner Sensibilität und seines Übereifers verliert der Lipizzaner viel leichter seine Losgelassenheit als andere Pferde. Die Folge sind verkrampfte Aufrichtung, nicht weit genug ausgreifende, verspannte Gänge. Die Harmonie der Bewegungen geht verloren. Berücksichtigt man von Beginn an, daß der Lipizzaner eine anders modifizierte, bewußt angezüchtete Gangmanier hat als andere Rassen, und stellt man darüber hinaus seine oft auch verdeckte Empfindsamkeit in Rechnung, so kann man ihn auch im Dressursport zu Höchstleistungen führen. Voraussetzung dafür ist, ihn durch eine langsame, einfühlsame Ausbildung aufzubauen, das Vertrauen zu seinem Reiter zu festigen und die von Natur gegebenen Bewegungsanlagen zu fördern. Dann wird auch der Lipizzaner im Dressursport mithalten können. So lautet das Urteil von Hofrat Dr. Lehrner, einem international anerkannten Fachmann.

Emil Sulgan, ein erfahrener Dressurreiter und ehemaliger Direktor von Topoľčianky, war von 1973 bis 1976 im jugoslawischen Lipizza als Dressurausbilder tätig. 17 Jahre hat er seinen Lipizzaner Pluto geritten. »Seit ich einmal einen Lipizzaner bestiegen habe, reite ich nur noch Lipizzaner als die begabtesten Dressurpferde, die es gibt.« Sein – vielleicht etwas enthusiastisches – Urteil: »Dort wo andere Rassen aufhören, fängt der Lipizzaner erst an. Daher ist er auch für die olympische Dressur durchaus geeignet.«

Weltmeisterschaften im Fahren 1978 in Kecskemét

Ein bedeutendes Ereignis aller Freunde des Fahrsportes und der Lipizzaner waren die IV. Weltmeisterschaften der Viererzugfahrer, die unter Teilnahme von 12 Nationen in der Zeit vom 24. bis 27. August 1978 in der ungarischen Stadt Kecskemét stattfanden. Nachdem schon zwei Jahre zuvor in Apeldoorn, Niederlande, sowohl in der Mannschaft wie auch in der Einzelwertung der Sieg von den ungarischen Fahrern errungen wurde, dominierten auch hier in ihrer Heimat die Vertreter des ungarischen Fahrsports so überzeugend, daß kein Zweifel mehr besteht: Ungarn ist das Land des Fahrsports. Die ungarischen Viererfahrer halten die absolute Weltspitze in dieser Disziplin. War es vor zwei Jahren noch ein letztes Mal Imre Abony, der die Goldmedaille gewann, aber inzwischen vom aktiven Sport zurückgetreten ist, von dem mir ein Fachmann des Fahrsports aus der ČSSR sagte: »Ich kenne keinen anderen Mann auf dieser Welt, der solche Hände hat«, so standen jetzt gleich drei ungarische Fahrer auf dem Siegerpodest. Weltmeister wurde György Bardos mit einem Lipizzanergespann aus Gyöngyös, gefolgt von Sándor Fülöp mit seinen Halblipizzanern aus Kecskemét, Kreuzung Lipizzanerstute × Orlow-Traberhengst, und Ferenc Muity mit seinen leichten braunen, ungarischen Halbblütern aus der Hortobágy-Pußta. Auch der fünfte und sechste Platz ging an die ungarischen Fahrer. Bemerkenswert war der Erfolg von Viktor Mátyus, der seine vier Lipizzanerstuten aus Szilvásvárad, die trotz Training und Turnieren jährlich fohlten, beim ersten Weltmeisterschaftsstart so gut plazieren konnte und nur neun Punkte hinter dem Sieger zurücklag. Lediglich die Vettern der Lipizzaner, die Schwarzen Friesen aus Holland, konnten in die Phalanx der ungarischen Gespanne eindringen. Sie belegten mit ihrem Fahrer Velstra in der Dressur den ersten und in der Gesamtwertung den vierten Platz.

Ungarn ist das Land der Pferde und des Fahrsports. Schon die Eröffnungsfeierlichkeiten am Nachmittag vor dem ersten Wettkampftag ließen das erkennen. Die Flaggen der Nationen, durch Fallschirmspringer ins Stadion gebracht, der Aufmarsch der Viererzüge aller Teilnehmerländer unter den Klängen der Nationalhymnen, geleitet von ungarischen Reitern in historischen Uniformen, verwandelten die Wettkampfstätte in ein farbenprächtiges Bild.

Die Weltmeisterschaft 1978 in Kecskemét war ein Triumph der ungarischen Fahrkunst und des ungarischen Lipizzaners und zugleich ein sportlicher Höhepunkt. Um so bedauerlicher war es, daß außer den ungarischen Landeszeitungen in der sonst so sportbegeisterten Presse der übrigen europäischen Länder kaum Notiz von diesem sportlichen Ereignis genommen wurde. Ein Grund mehr, den Ablauf einer solchen Weltmeisterschaft im Rahmen dieses Buches ausführlicher zu schildern.

Der Austragungsort der IV. Weltmeisterschaften der Viererzugfahrer war das Széktoi-Stadion am Stadtrand von Kecskemét. Pferde und Kutschen waren in unmittelbarer Nähe des Stadions in vier großen Hallen untergebracht. Jede Nation hatte ihre Stände, gekennzeichnet durch die Embleme der Landesflaggen. Es gab so breite Hallen, daß in der Mitte zwischen den seitlichen Pferdeständen ausreichend Platz zum Abstellen von Kutschen, Gerät, Futtersäcken und Feldbetten für die Pfleger war, soweit sie nicht im benachbarten Campingdorf schliefen. Jedes Gespann reiste mindestens mit zwei Kutschen an, eine für die harte Geländefahrt, eine andere für die Dressurprüfung.

Am Vorabend der Wettkämpfe, die wie stets bei solchen Wettbewerben mit der Dressurprüfung begannen, wurde im Rathaussaal der Stadt Kecskemét die Startfolge sowohl im Einzelwettbewerb als auch in der Mannschaft ausgelost. Zwei Mitglieder werden in der Mannschaft gewertet, maximal besteht sie aus drei Fahrern. Die Leistung des schlechtesten wird jeweils gestrichen. Mannschaften mit nur zwei Aktiven sind natürlich gegenüber denen mit dreien im

Lipizzanergespann bei der Dressurprüfung in Keszkemét

Lipizzanerstuten in Ungarn

Quellennachweis

Ackerl, F. u. A. H. Lehmann: Die edlen Lipizzaner und die Spanische Reitschule, Weimar 1942

Benčević, Zvonko: Lipicanac u Jahanju, Zaprezi i Dresuri, Đakovo 1957

Bilek, F.: Über den Einfluß des arabischen Blutes bei Kreuzungen, mit besonderer Hinsicht auf das Lipizzaner Pferd. In: Jahrbuch für wissenschaftliche und praktische Tierzucht 1941

Bilke, E.: Die Lipizzaner in Wien und Piber. In: St. Georg, 41. Jg., Nr. 23, Berlin 1940

Bilke, E.: Gestütsjubiläum in Piber. 40 Jahre Piber-Lipizzaner. In: St. Georg, 62. Jg., Nr. 7, Düsseldorf 1961

Brauer, C.: Die Gestüte des In- und Auslandes, 1901

Bredow, H.: Die Pferdezucht in Ungarn, Hannover 1927

Brlić, Ivan: Das weiße Edelpferd Jugoslawiens, Zagreb 1965

Comarovschi, M. u. C., Dan Virgil: Rasa »Lipitan«, dupa 50 de ani in herghelia de la Sîmbăta de Jos, Casa agronomului. Halchiu 1971

Dusek, J.: Vergleich der Ergebnisse der Lipizzanerzucht bei verschiedener methodischer Auffassung. Vedecke Prace Vyzkumne Stanice pro chov coni ve Slatinanech, 1965

Finger, E.: Das ehemalige K. u. K. Karster Hofgestüt zu Lipizza. Laxenburg 1930

Gassebner, H.: Die Pferdezucht der Österreich-Ungarischen Monarchie. Bd. III, Wien 1896

Handler-Lessing: Die Spanische Reitschule zu Wien. Wien, München, Zürich, 1977

Hucko, V.: Analyza chovu Lipicana v Topolciankach. Zivocisna Vyroba, 20 (XLVIII), c. 7 1975

Hutten-Czapski, M.: Die Geschichte des Pferdes, Berlin 1876

Jurkovič, J.: Über Typfragen und Typwandel beim Lipizzaner. Sonderdruck, Veterinärabteilung der Biotechnischen Fakultät und Veterinärinstitut Sloweniens, Ljubljana 1972

Jurkovič, J.: Die Zucht des Lipizzanerpferdes in Jugoslawien zu einer modernen Reitpferderasse. III. Internationales Symposium, Leipzig 1979

Lehrner, H.: Hemmen unsere Vorurteile die Verwendung des Lipizzaners im heutigen Dressursport? In: St. Georg, 70. Jg., Nr. 2, Düsseldorf 1963

Lehrner, H. u. W. Menzendorf: Piber, das Gestüt der österreichischen Lipizzaner, München 1977

Löwe, H.: Schulpferde für Reitkunst, Gebrauchspferde für den Sport – Züchterische Probleme im österreichischen Bundesgestüt Piber. In: St. Georg, 72 Jg., Nr. 2, Gauting 1971

Madroff, Ch. Das Lipizzanerpferd und seine Zucht in Europa. In: Zeitschrift für Züchtung. Bd. XXXIII, 2, 1935

Magiaru, Gh.: Studiu Biometric asupra Calului Lipitan din sindicatul Simbata de Jos, Jud. Fagaras. Biblioteca Zootehnica Nr. 27, Monitorul oficial si imprimeriile Statului 1939

Michal, V.: Lipićanský Kun. Bulletin des Instituts des recherches agronomiques de la Republique Tchécoslovaque Cis. 41, 1930

Motloch, R.: Geschichte und Zucht der Kladruber Rasse. Wien 1886

Motloch, R.: Das K. u. K. Hofgestüt Lipizza. Hannover 1911

Müller, S. u. W. Schleger: Fitnessvarianz in Pferdepopulationen und Schlußfolgerungen für die Züchtung. IV. Internationales Symposium, Leipzig 1983

Ogrizek, A.: Die Zucht des Lipizzanerpferdes in Jugoslawien. In: Züchtungskunde Bd. 6, Heft 2, 1930

Podhajsky, A.: Die Spanische Reitschule. Wels 1953

Podhajsky, A.: Triumph der Lipizzaner. München 1962

Podhajsky, A.: Ein Leben für die Lipizzaner. München 1973

Rau, G.: Das österreichische Bundesgestüt Piber. In: St. Georg, 18, Berlin 1937

Rau, G.: Das Staatsgestüt Petrowo und das Hengstdepot Kutjevo. In: St. Georg, 3, Berlin 1939

Romic, St.: UZ 465-U-obljetnicu ergele Đakovacke. Zagreb 1972

Rudofsky, H.: Bundesgestüt Piber präsentiert sich in glanzvoller Verfassung. In: St. Georg, 64. Jg., Nr. 17, Düsseldorf

Schleger, W.: Genetischer Polymorphismus im Serum und im Erythrozytenhämolysat beim Pferd. Wiener Tierärztliche Monatsschrift, 61. Jg., H. 11/12, 1974

Steinhausz, M.: Linije Pastuha rodovi kobila hrvatskog Lipicanca. Zagreb 1943

Stipić, L.: Bijeli lipicanci Đakovo. Đakovo 1975

Stipić, L.: 470 Godina ergele Đakovo, 1506–1977. Đakovo 1977

Suciu, T.: Zootehnia Romaniei IV cabaline. Calul Lipitan in Romania, 1975

Suciu, T. u. M. Comarovschi: Rezultatele obtinute in Perfectionarea calului Lipitan in Tara noastra. Cercetari Zootehnice Vol. XXV, Bucuresti 1967

Suciu, T. u. M. Comarovschi: Contributii la Cunoasterea calului Lipitan Produs de Herghelia Simbata de Jos, Raionul Fagaras. Cercetari Zootehnice Vol. XIV

Telalbasic, R.: Analiza dosadasnjeg uzgojno-selekcijskog rada lipicanske ergele poljoprivrednog preduzeca »Vucijak« kod prnjavora, Sarajevo 1973

Telalbasic, R.: Lipizzaner Gestüt »Vucijak« 1946 bis 1966. Prnjavor Jugoslavija 1966

Vladescu, D.: Studiu asupra conformatiei iepelor lipitane adulte. Rev. Vet. Militara Nr. 4, Bucuresti 1933

Wrangel, C. G.: Ungarns Pferdezucht in Wort und Bild, Stuttgart 1983

Wrangel, C. G.: Die Rassen des Pferdes. Stuttgart 1909

Wriedt, Ch.: Biologische Essays über Pferdezucht und Pferderassen. Berlin 1929

An der Tränke im Auslauf

Seite 209:
Charakteristisch für die Zucht in Piber sind Harmonie und Ausdrucksstärke sowie besonders edle Köpfe

Selbst ältere Fohlen suchen noch gern das Euter der Mutter

Historische Tafel am Wölbstall

Erbaut zur Zeit der Gestütsmeister Casper Nicoletti und Andreas Rainier

Portal des Wölbstalles in Lipizza. Die Inschrift lautet: Zur Zeit als Kaiser Leopold I regierte, Joseph seine Feinde schlug, 1704

Spiel der Junghengste

Die vier Reiter der Schulquadrille in Lipizza

Vor dem roten Mutterstutenstall in Đakovo

Hengstdepot Đakovo

Siegfried Gronau mit seinen braunen Lipizzanern aus Đakovo

Kroatischer Bauer mit Maestoso Bravissima, Deckhengst der Lipizzaner-Zuchtgenossenschaft Vuka

Siglavy Gaeta I an der Zisterne vor dem Wölbstall in Lipizza

Beim Training

Seite 214:
Der Wölbstall in Lipizza, 1704 erbaut

Blick aus der Stalltür: Favory Dubovina II in Lipizza

Ungarische Post auf fünf weißen Kladrubern in ihrem Heimatgestüt. Mit gutem Balancegefühl und fester Hand müssen die dahinstürmenden Pferde geführt werden. Die Stiefel des »Postillions« finden ihren Halt in der Sattellage, der ungarische Csikós steht weiter hinten auf der Kruppe

Winterreitschule – Spanische Reitschule, 1729 bis 1735, nach dem Entwurf von Joseph Emanuel Fischer von Erlach erbaut

Reiterstandbild in Bronze vor der Neuen Hofburg in Wien: Prinz Eugen auf einem Lipizzanerhengst in der Levade

Reitsaal der Spanischen Reitschule Wien. Prachtvolle Kronleuchter bilden den strahlenden Deckenschmuck.

Schulquadrille
(Foto: Spanische Reitschule Wien)

Gemälde, den kaiserlichen Bauherrn darstellend. Das Bild hängt über der Loge der Spanischen Reitschule

Die hohen Sattelkammern in der Stallburg

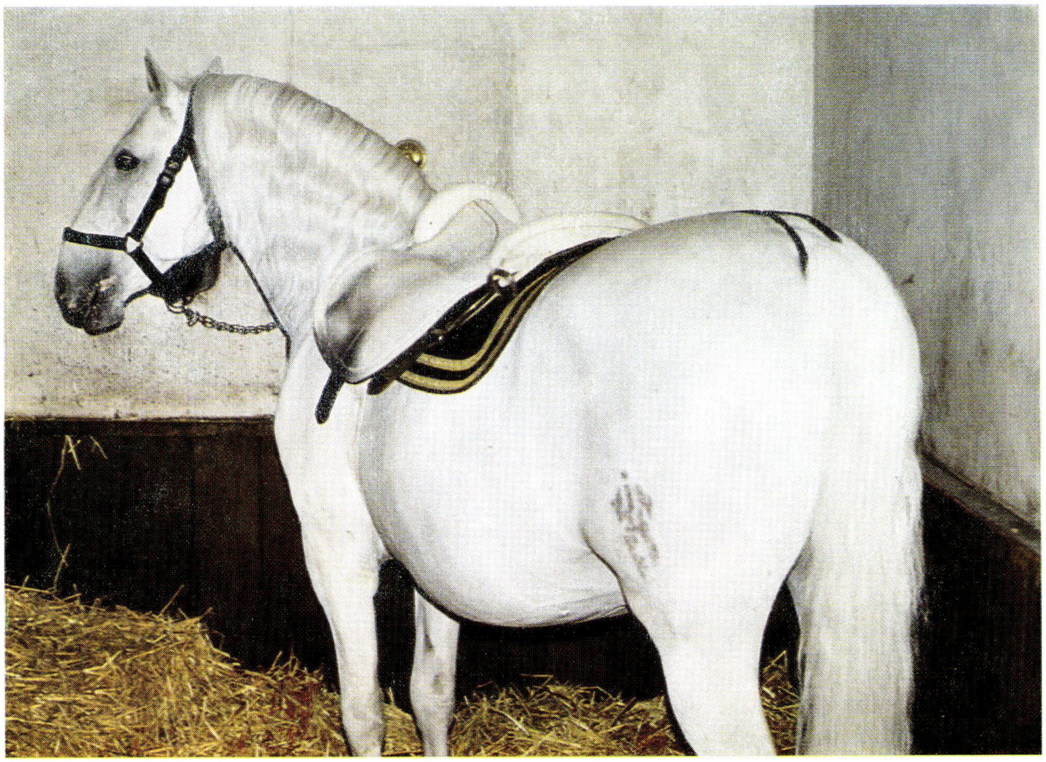

Aufmarsch der Hengste
(Foto: Spanische Reitschule Wien)

Handgearbeitete Namensschilder

Gesattelt für die Vorführung

Seite 221:
Levade – Neapolitano Nautika in der Spanischen Reitschule
(Foto: Spanische Reitschule Wien)

Geländefahrt. In vollem Trab durchquert das Gespann aus Szilvásvárad die Wasserdurchfahrt

Dressurquadrille in Kladrub

Lipizzanergespann in Keszkemét – Siegerehrung 1978

Seite 222:
Lipizzanerhengst aus der Dressurgruppe von Helmut Rudat